卓越系列·21世纪高职高专精品规划教材

教育部高职高专自动化技术类专业教指委规划教材

# 机械加工工艺制订

主　编　李　文
副主编　张永花
主　审　吕景泉

U0218260

天津大学出版社
TIANJIN UNIVERSITY PRESS

## 内 容 简 介

本书以减速器的加工工艺过程为典型案例，分六个任务进行基于工作过程系统化的学习和训练。主要内容为机械加工工艺认知与企业见习、轴类零件加工工艺编制、齿轮加工工艺编制、箱体零件加工工艺编制、减速器装配工艺编制、了解绿色制造工艺等，使学生在任务中学习，在学习中工作，着力培养学生分析问题、解决问题、实际操作能力和可持续发展能力。

本书主要适用于高职高专机械类和近机类专业学习，也可作为职业大学、业余大学、函授大学学生的教材及供有关工程技术人员参考。

**图书在版编目（CIP）数据**

机械加工工艺制订/李文主编 . —天津：天津大学出版社，2010.7（2013.3 重印）
卓越系列·21 世纪高职高专精品规划教材
教育部高职高专自动化技术类专业教指委规划教材
ISBN 978 – 7 – 5618 – 3455 – 8

Ⅰ. ①机…　Ⅱ. ①李…　Ⅲ. ①机械加工-工艺-高等学校：技术学校-教材　Ⅳ. ①TG506

中国版本图书馆 CIP 数据核字（2010）第 112998 号

| | |
|---|---|
| 出版发行 | 天津大学出版社 |
| 出 版 人 | 杨欢 |
| 地　　址 | 天津市卫津路 92 号天津大学内（邮编：300072） |
| 电　　话 | 发行部：022 – 27403647 |
| 网　　址 | publish. tju. edu. cn |
| 印　　刷 | 昌黎太阳红彩色印刷有限责任公司 |
| 经　　销 | 全国各地新华书店 |
| 开　　本 | 185mm×260mm |
| 印　　张 | 11.75 |
| 字　　数 | 293 千 |
| 版　　次 | 2010 年 7 月第 1 版 |
| 印　　次 | 2013 年 3 月第 2 次 |
| 定　　价 | 32.00 元 |

凡购本书，如有缺页、倒页、脱页等质量问题，烦请向我社发行部门联系调换。

# 前　　言

　　《机械加工工艺制订》是在教育部《关于加强高职高专教育人才培养工作意见》的指导下，以精简理论、注重应用、拓宽知识面、强化能力培养为基本原则进行编写的。

　　在编写过程中，《机械加工工艺制订》在以下几个方面进行了探索和尝试。

　　**1. 创新课程体系，优化课程内容。**致力于构建"基于工作过程系统化"课程的教材体系建设。在进行充分调研的基础上，调整教学思路，总结近年来工程材料及机械加工工艺制订系列课程改革经验，在内容编排上，力求保证内容的先进性、实用性和相对稳定性。

　　**2. 强化核心技能，适应工程需求。**顺应制造工程的实际需要，将企业岗位需要的技术能力，依据工作过程进行序化后融入教材中，对基本的工艺装备知识和工艺方法进行了必要加强，强化专业核心能力培养，同时增加部分先进制造技术内容，锻炼学生岗位适应能力。

　　**3. 提供案例分析，重视实操训练。**以减速器为主要教学载体，从产品实际加工过程入手，强化工艺系统概念的建立；从机械工艺装备的选用、加工方案的选择、零部件结构工艺性，到工艺路线，安排循序渐进的学习训练，将机械设计、制造和设备管理方法进行有机结合，主动适应技术、经济和社会发展对高素质人才的需求。

　　**4. 紧贴企业实际，执行最新标准。**该教材由企业一线技术专家和有多年教学经验的双师型教师共同编写而成。体现工程新技术、新知识，紧贴企业工作需求，再现实际工作过程。力求简明扼要、深入浅出、重点突出、体系完整。

　　**5. 编写形式新颖，提高学习兴趣。**将学习任务与工作过程相结合，增强了教材的实践性、趣味性和可读性，更有利于学生循序渐进地学习。

　　本书由天津中德职业技术学院李文教授（国家级教学团队负责人）任主编，山东日照职业技术学院张永花任副主编，参加编写的还有山东职业学院李新华，天津中德职业技术学院姚冀涛、杜慧起，天津圣威科技发展有限公司魏所库，合时自动化（天津）有限公司肖国成，天津华利汽车有限公司康恩平，滁州职业技术学院张信群。在编写过程中得到了各有关院校和企业专家的大力支持，同时吸收了同行教师对编写工作提出的宝贵意见，在此一并致谢。此外，在编写时还参阅了相关网上资源和文献资料，在此对有关出版社和作者表示衷心感谢。由于编者水平和经验所限，书中难免有不妥之处，敬请同行和读者批评指正。

　　该书主要适用于高职高专机械类和近机类专业学习，也可作为职业大学、业余大学、函授大学学生的教材及供有关工程技术人员参考。

编者

2013 年 2 月

# 目　录

**任务一** ............................................................ 1
**机械加工工艺认知与企业见习**

**任务二** ........................................................... 21
**轴类零件加工工艺编制**

# 任务五
## 减速器装配工艺编制 ······ 145

# 任务拓展
## 了解绿色制造工艺 ······ 165

**参考文献**

机械加工工艺制订

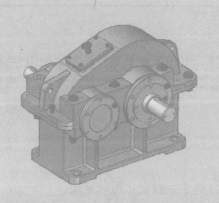

# 任务一

## 机械加工工艺认知与企业见习

## 任务目标

通过本任务的学习,学生达到以下目标:

☐ 熟悉常用防护用品及其使用注意事项;

☐ 了解企业的一般管理规定等;

☐ 了解产品的一般生产过程;

☐ 熟悉机械加工工艺规程概念,了解其制订步骤及制订原则;

☐ 了解总结报告要求及其一般格式。

## 任务描述

### ● 任务内容

通过企业见习,了解企业生产过程、生产纲领、工序、工步及安全生产等基本知识,熟悉常用机械加工工艺文件、常用机床设备种类、加工范围等,体验企业生产的内容、方法和要求。

### ● 实施条件

(1)生产车间或校内外实训基地,供学生参观见习。

(2)工作服、安全帽、防护眼镜等劳保用品若干套,供学生参观见习时穿戴。

## 程序与方法

### 步骤一　见习准备

　相关知识

机床旋转速度快、力矩大,存在较多不安全因素,为防止衣服、发辫被卷进机器,手被旋转的刀具擦伤,企业见习时,要穿戴劳保用品,遵守劳动纪律。常见的劳保用品有安全帽、工作服、防护眼镜等。

**一、防护眼镜**

防护眼镜(见图 1-1)主要用于防止金属或砂石碎屑等对眼睛的机械损伤。眼镜片和眼镜架应结构坚固,抗打击。框架周围装有遮边,其上应有通风孔。防护镜片可选用钢化玻璃、胶质黏合玻璃或铜丝网防护镜。

图 1-1　防护眼镜

## 二、安全帽

安全帽(见图1-2)主要用于防止留长发的工人的发辫卷进机器而受伤。发辫要盘在安全帽内,不准露出帽外。

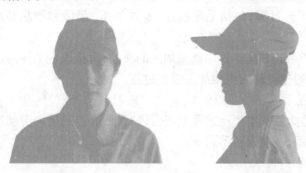

图1-2　安全帽

## 三、工作服

工作服(见图1-3)主要用于防止工人皮肤遭受机械外伤、热辐射烧伤。工人操纵机械时,穿着工作服应坚持"三紧"原则,即"袖口紧、领口紧、下摆紧"。

 实践

按照"三紧"原则穿着工作服;留长发的学生带上安全帽,注意头发盘在工作帽内,不准露出帽外;进行机械加工前戴上防护眼镜,但不应戴手套、围巾。

### 步骤二　企业见习

 相关知识

## 一、生产过程

生产过程(见图1-4)是将原材料转变为成品所需的

图1-3　工作服

劳动过程总和,包括生产技术准备过程、生产工艺过程、辅助生产过程和生产服务过程等四部分。

 将原材料转变为成品的全过程

图1-4　生产过程

**1. 生产技术准备过程**

生产技术准备过程包括产品投产前的市场调查分析、产品研制、技术鉴定等。

**2. 生产工艺过程**

在生产过程中,凡是改变生产对象的形状、尺寸、相对位置和性质,使其成为成品或半成品的过程称为工艺过程,包括毛坯制造,零件加工,部件和产品装配、调试、油漆和包装等。

工艺就是制造产品的方法。采用机械加工的方法,直接改变毛坯的形状、尺寸和表面质量等,使其成为零件的过程称为机械加工工艺过程。

**3. 辅助生产过程**

辅助生产过程是为使基本生产过程能正常进行,所必经的辅助劳动过程总和,包括工艺装备的设计制造、能源供应、设备维修等。

**4. 生产服务过程**

生产服务过程是为保证生产活动顺利进行而提供的各种服务性工作,包括原材料采购、运输、保管、供应及产品包装、销售等。

由上述过程可以看出,机械产品的生产过程是相当复杂的。为了便于组织生产,现代机械工业的发展趋势是组织专业化生产,即一种产品的生产分散在若干个专业化工厂进行,最后集中由一个工厂制成完整的机械产品。例如,制造机床时,机床上的轴承、电机、电器、液压元件甚至其他许多零部件都是由专业厂生产的,最后由机床厂完成关键零部件和配套件的生产,并装配成完整的机床。专业化生产有利于零部件的标准化、通用化和产品的系列化,从而能在保证质量的前提下,提高劳动生产率和降低成本。

## 二、机械加工工艺过程

机械加工工艺过程是由一个或若干个顺序排列的工序组成的,而工序又可分为安装、工位、工步,如图 1-5 所示。

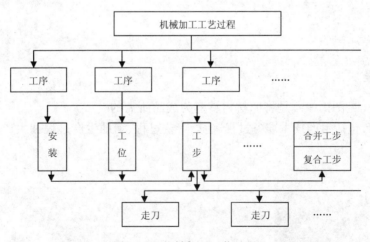

图 1-5　机械加工工艺过程

**1. 工序**

一个或一组工人,在一个工作地对同一个或同时对几个工件所连续完成的那一部分工艺过程,称为工序。

区分工序的主要依据是设备(或工作地)是否变动和完成的那一部分工艺内容是否连续。零件加工的设备变动后,即构成另一新工序。

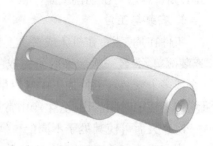

案例:如图1-6所示的阶梯轴,根据加工是否连续和机床变换情况,小批量生产时,可划分为表1-1所示的三道工序;大批量生产时,则可划分为表1-2所示的五道工序;单件生产时,可划分为表1-3所示的两道工序。

图1-6　阶梯轴

表1-1　小批量生产的工艺过程

| 工序号 | 工序内容 | 设备 |
| --- | --- | --- |
| 1 | 车一端面,钻中心孔;掉头车另一端面,钻中心孔 | 车床 |
| 2 | 车大端外圆及倒角;车小端外圆及倒角 | 车床 |
| 3 | 铣键槽;去毛刺 | 铣床 |

表1-2　大批量生产的工艺过程

| 工序号 | 工序内容 | 设备 |
| --- | --- | --- |
| 1 | 铣端面,钻中心孔 | 中心孔机床 |
| 2 | 车大端面外圆及倒角 | 车床 |
| 3 | 车小端面外圆及倒角 | 车床 |
| 4 | 铣键槽 | 立式铣床 |
| 5 | 去毛刺 | 钳工设备 |

表1-3　单件生产的工艺过程

| 工序号 | 工序内容 | 设备 |
| --- | --- | --- |
| 1 | 车一端面,钻中心孔;掉头车另一端面,钻中心孔;车大端外圆及倒角;车小端外圆及倒角 | 车床 |
| 2 | 铣键槽;去毛刺 | 铣床 |

**2. 工步与走刀**

在加工表面(或装配时的连接表面)和加工(或装配)工具不变的条件下所连续完成的那部分工艺过程,称为工步。一个工序可以包括几个工步,也可以只包括一个工步。

一般来说,构成工步的任一要素(加工表面、刀具及加工连续性)改变后,即成为一个新工步。但下面指出的情况应视为一个工步。

(1)对于那些一次装夹中连续进行的若干相同的工步应视为一个工步。

(2)为了提高生产率,有时用几把刀具同时加工一个或几个表面,此时也应视为一个工步,称为复合工步。

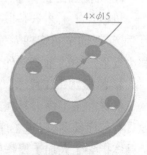

4×φ15

案例:如表1-3中的工序1,每个安装中都有车端面、钻中心孔两个工步。

案例:如图1-7所示的零件,在同一工序中,连续钻削4个φ15的孔,可看做一个工步。

图1-7　简化相同工步

在一个工步内,若被加工表面切去的金属层很厚,需分几次切削,则每进行﹂次切削就是一次走刀。一个工步可以包括一次走刀或几次走刀。

**3. 安装与工位**

工件在加工前,在机床或夹具上先占据一正确位置然后再夹紧的过程,称为夹装。工件(或装配单元)经一次装夹后所完成的那一部分工艺内容称为安装。在一道工序中可以有一个或多个安装。工件加工中应尽量减少装夹次数,因为多一次装夹就多一次装夹误差,而且增加了辅助时间。因此,生产中常用各种回转工作台、回转夹具或移动夹具等,以便在工件一次装夹后可使其处于不同的位置加工。

为完成一定的工序内容,一次装夹工件后,工件(或装配单元)与夹具或设备的可动部分一起相对刀具或设备固定部分所占据的每一个位置,称为工位。

**案例:**如表1-3中的工序1需进行两次装夹:先装夹工件一端,车端面、钻中心孔,称为安装1;再掉头装夹,车另一端面、钻中心孔,称为安装2。

**案例:**如表1-2中工序1铣端面、钻中心孔,就是两个工位。

> **提示:**
> 工件在加工中应尽量减少装夹次数,因为多一次装夹,就会增加装夹的时间,同时还会增加装夹误差。

## 三、机械加工工艺规程

机械加工工艺规程是规定零件机械加工工艺过程和操作方法等的工艺文件之一。它是在具体的生产条件下,把较为合理的工艺过程和操作方法,按照规定的形式书写成的工艺文件,经审批后用来指导生产。

常用的工艺文件格式有机械加工工艺过程卡、机械加工工艺卡及机械加工工序卡等三种。

**1. 机械加工工艺过程卡**

机械加工工艺过程卡是以工序为单位,简要说明整个零件加工所经过的工艺路线过程(包括毛坯制造、机械加工和热处理)的一种工艺文件。工艺过程卡中各工序的内容较简要,一般不能直接指导工人操作,多作为生产管理使用,但在单件小批生产中,由于不编制其他工艺文件,而以工艺过程卡指导生产。工艺过程卡格式如表1-4所示。

**2. 机械加工工艺卡**

机械加工工艺卡是以工序为单位,详细说明整个工艺过程的工艺文件,用来指导工人进行生产,帮助车间管理人员和技术人员掌握整个零件的加工过程,多用于成批量生产的零件和小批生产中的重要零件。工艺卡格式如表1-5所示。

**3. 机械加工工序卡**

机械加工工序卡是在工艺过程卡的基础上,按每道工序内容所编制的一种工艺文件,一般具有工序简图、每道工序详细的加工内容、工艺参数、操作要求和加工设备及工艺设备等,是具体指导工人加工操作的技术文件,多用于大批量生产的零件或成批生产中的重要零件。工序卡格式如表1-6所示。

表1-4　机械加工工艺过程卡

| （企业名称） | 机械加工工艺过程卡 | 产品型号 | | 零（部）件图号 | | 共（ ）页 |
|---|---|---|---|---|---|---|
| | | 产品名称 | | 零（部）件名称 | | 第（ ）页 |
| 材料牌号 | | 毛坯种类 | 毛坯外形尺寸 | 每个毛坯可制件数 | 每台件数 | 备注 |
| | | | | | | |

| 工序号 | 工序名称 | 工序内容 | | 车间 | 工段 | 设备 | 工艺装备 | 工时 |
|---|---|---|---|---|---|---|---|---|
| | | | | | | | | 准终 | 单件 |
| | | | | | | | | | |

| | | | 设计（日期） | 审核（日期） | 标准化（日期） | 会签（日期） |
|---|---|---|---|---|---|---|
| 标记 | 处数 | 更改文件号 | 签字 | 日期 | 标记 | 处数 | 更改文件号 | 签字 | 日期 |

描图

描校

底图号

装订号

表1-5　机械加工工艺

## 机械加工工艺卡

| （企业名称） | | | 产品型号 | | 零（部）件图号 | | 共（　）页 | |
| --- | --- | --- | --- | --- | --- | --- | --- | --- |
| | | | 产品名称 | | 零（部）件名称 | | 第（　）页 | |
| 材料牌号 | | 毛坯种类 | | 毛坯外形尺寸 | | 每个毛坯可制件数 | 每台件数 | 备注 |
| 工序号 | 工序内容 | | 车间 | 工段 | 设备 | 工艺装备 | | 工时 |
| | | | | | | | | 准终 | 单件 |

| 工序号 | 工序内容 | 车间 | 工段 | 设备 | 工艺装备 | 背吃刀量 (mm) | 切削速度 (m/min) | 每分钟转速或反复次数 | 进给量 (mm/r) | 技术等级 | 单件工时 |
| --- | --- | --- | --- | --- | --- | --- | --- | --- | --- | --- | --- |
| | | | | | | | | | | | |
| | | | | | | | | | | | |
| | | | | | | | | | | | |
| | | | | | | | | | | | |

| | | | 设计（日期） | 审核（日期） | 标准化（日期） | 会签（日期） |
| --- | --- | --- | --- | --- | --- | --- |
| 描图 | | | | | | |
| 描校 | | | | | | |
| 底图号 | | | | | | |
| 装订号 | | | | | | |

| 标记 | 处数 | 更改文件号 | 签字 | 日期 | 标记 | 处数 | 更改文件号 | 签字 | 日期 |
| --- | --- | --- | --- | --- | --- | --- | --- | --- | --- |

说明：切削用量包含背吃刀量、切削速度、每分钟转速或反复次数、进给量；工艺设备名称及编号包含夹具、刀具、量具；同时加工零件数、设备名称编号等栏。

表1-6 机械加工工序卡

| （企业名称） | 机械加工工序卡 | 产品型号 | | 零（部）件图号 | | 共（ ）页 | 材料牌号 |
|---|---|---|---|---|---|---|---|
| | | 产品名称 | | 零（部）件名称 | | 第（ ）页 | |
| | | 车间 | 工序号 | 工序名称 | | | 材料牌号 |
| | | 毛坯 | 毛坯外形尺寸 | 每个毛坯可制件数 | | | 每台件数 |
| | | 设备 | 设备型号 | 设备编号 | | | 同时加工件数 |
| | | 夹具编号 | | 夹具名称 | | | 切削液 |
| | | 工位器具编号 | | 工位器具名称 | | | 工序工时 |
| | | | | | | | 准终 / 单件 |
| 工步号 | 工步内容 | 工艺装备 | | 主轴转速（r/min） | 切削速度（m/min） | 进给量（mm/r） | 切削深度（mm） | 进给次数 | 工步工时（机动 / 辅助） |
| | | | | | | | | | |
| | | | 设计（日期） | 审核（日期） | 标准化（日期） | 会签（日期） | |
| 标记 | 处数 | 更改文件号 | 签字 | 日期 | 标记 | 处数 | 更改文件号 | 签字 | 日期 |

描图  描校  底图号  装订号  工步号  底图号  装订号

提示：
　　工艺规程制订的原则是在保证产品质量的前提下，尽量降低产品成本。制订时应注意下列问题。
　　(1)在保证加工质量的基础上，应使工艺过程有较高的生产效率和较低的成本。
　　(2)应充分考虑和利用现有生产条件，尽可能做到平衡生产。
　　(3)尽量减轻工人劳动强度，保证安全生产，创造良好、文明的劳动条件。
　　(4)积极采用先进技术和工艺，力争减少材料和能源消耗，并应符合环境保护要求。

## 四、生产纲领及生产类型

　　企业在计划期内应当生产的产品产量和进度计划称为生产纲领。零件在计划期为一年的生产纲领 $N$ 可按下式计算：

$$N = Qn(1+a)(1+b)$$

式中　$Q$——产品的年生产纲领(台/年)；

　　　　$n$——每台产品中该零件的数量(件/台)；

　　　　$a$——备品的百分数；

　　　　$b$——废品的百分数。

　　生产类型是企业(或车间、工段、班组、工作地)生产专业化程度的分类。一般分为大量生产、批量生产和单件生产三种类型。生产类型的划分，主要取决于生产纲领，即年产量。同一种零件生产类型不同，其加工工艺有很大的不同，如表 1-7 所示。

表 1-7　生产类型表

| | | 单件生产 | 批量生产 | | | 大量生产 |
|---|---|---|---|---|---|---|
| | | | 小批量生产 | 中批量生产 | 大批量生产 | |
| 生产类型 | 重型机械 | <5 | 5~100 | 100~300 | 300~1 000 | >1 000 |
| | 中型机械 | <20 | 20~200 | 200~500 | 500~5 000 | >5 000 |
| | 轻型机械 | <100 | 100~500 | 500~5 000 | 5 000~50 000 | >50 000 |
| 工艺特点 | 毛坯的制造方法及加工余量 | 自由锻造，木模手工造型；毛坯精度低，余量大 | | 部分采用模锻，金属模造型；毛坯精度及余量中等 | | 广泛采用模锻、机械制造型等高效方法；毛坯精度高，余量小 |
| | 机床设备及机床布置 | 通用机床按机群式排列；部分采用数控机床及柔性制造单元 | | 通用机床和部分专用机床及高效自动机床；机床按零件类别分工段排列 | | 高效专用夹具；定程及自动测量控制尺寸 |
| | 夹具及尺寸保证 | 通用夹具，标准附件或组合夹具；划线试切保证尺寸 | | 通用夹具，专用或组合夹具；定程法保证尺寸 | | 高效专用夹具；定程及自动测量控制尺寸 |
| | 刀具、量具 | 通用刀具，标准量具 | | 专用或标准刀具、量具 | | 专用刀具、量具，自动测量 |

续表

| 生产类型 | | 单件生产 | 批量生产 | | | 大量生产 |
|---|---|---|---|---|---|---|
| | | | 小批量生产 | 中批量生产 | 大批量生产 | |
| 生产类型 | 零件的互换性 | 配对制造;互换性低;多采用钳工修配 | | 多数互换,部分试配或修配 | 全部互换,高精度偶件采用分组装配、配磨 | |
| | 工艺文件的要求 | 编制简单的工艺过程卡 | | 编制详细的工艺过程卡及关键工序的工序卡 | 编制详细的工艺过程卡、工序卡及调整卡 | |
| | 生产率 | 常用传统的加工方法,生产率低;用数控机床可提高生产率 | | 中等 | 高 | |
| | 成本 | 较高 | | 中等 | 低 | |
| | 对工人的技术要求 | 需要技术熟练的工人 | | 需一定熟练程度的技术工人 | 对操作工人的技术要求较低,对调整工人的技术要求较高 | |

**思考:**为什么同一种零件的生产类型不同,其加工工艺会有很大的不同?

> **提示:**
>
> 　　表1-7中的成本是单件生产成本,一般不包含加工设备、工艺设备购置或制作所产生的费用。

## 五、机械加工工艺规程制订步骤

　　机械加工工艺规程制订一般由八个步骤组成,如图1-8所示。

1. 生产纲领计算与生产类型确定 ➡ 2. 零件图样分析 ➡ 3. 零件毛坯选择 ➡ 4. 工艺路线拟订

8. 工艺文件填写 ⬅ 7. 确定切削用量及时间定额 ⬅ 6. 工序尺寸及其公差确定 ⬅ 5. 设备选择

图1-8　机械加工工艺规程制订步骤

这里只介绍其中两个步骤。

**1. 零件图样分析**

　　(1)整体分析,熟悉产品的用途、性能及工作条件,明确零件在产品中的位置、作用及相关零件的位置关系。

　　(2)技术要求分析,主要了解各加工表面的精度要求、热处理要求,找出主要表面并分析它与次要表面的位置关系,明确加工的难点及保证零件加工质量的关键,以便在加工时重点加以关注。技术要求分析如图1-9所示。

　　(3)审查零件的结构工艺性是否合理,分析零件材料的选取是否合理。零件图样上的

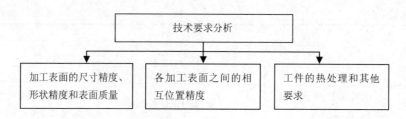

图 1 - 9 技术要求分析

技术要求既要满足设计要求,又要便于加工,而且齐全和合理。零件结构分析如图 1 - 10 所示。

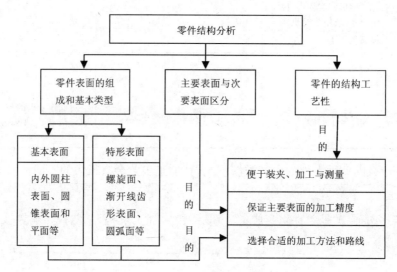

图 1 - 10 零件结构分析

## 2. 零件毛坯选择

机械加工中常见的零件毛坯类型有铸件、锻件、型材及型材焊接件四种,如表 1 - 8 所示。

表 1 - 8 常见的零件毛坯类型

| 毛坯类型 | 特 点 | 应 用 | 图 例 |
|---|---|---|---|
| 铸件 | 由砂型铸造、金属模铸造、压力铸造、离心铸造、精密铸造等方法获得 | 常用作形状比较复杂的零件毛坯 | |
| 锻件 | 加工余量大,锻件精度低,生产率不高 | 适用于单件和小批生产以及大型零件毛坯 | |
| | 加工余量较小,锻件精度高,生产率高 | 适用于产量较大的中小型零件毛坯 | |

续表

| 毛坯类型 | 特　点 | 应　用 | 图　例 |
|---|---|---|---|
| 型材 | 热轧型材尺寸较大,精度较低 | 多用于一般零件 | |
| | 冷拉型材尺寸较小,精度较高 | 多用于对毛坯精度要求较高的中小型零件 | |
| 型材焊接件 | 对于大型工件,焊接件简单方便,特别对于单件和小批生产可缩短生产周期,但是焊接件变形较大,需要经过时效处理后才能进行机械加工 | 多用于大型工件或单件生产 | |

毛坯的选择主要依据以下几方面的因素。

1)零件对材料的要求

当零件的材料选定后,毛坯的类型也大致确定了。例如,铸铁或青铜材料,可选择铸造毛坯;钢材且力学性能要求高时,可选锻件。

2)生产纲领的大小

它在很大程度上决定采用某种毛坯制造方法的经济性。当零件的产量大时,应选精度和生产率都比较高的毛坯制造方法。虽然一次性的投资较高,但均分到每个毛坯的成本中就较少。零件的产量较小时,应选择精度和生产率较低的毛坯制造方法。

3)零件结构形状和尺寸大小

形状复杂的毛坯,常用铸造方法;薄壁的零件,一般不能采用砂型铸造;尺寸较大的毛坯,往往不能采用模锻、压铸和精铸,常采用砂型铸造。台阶直径相差不大的钢质轴类零件,可直接选用圆棒料;台阶直径相差较大时,则宜用锻件。

4)现有生产条件

选择毛坯时,还要考虑现场毛坯制造的实际工艺水平、设备状况以及对外协作的可能性。有条件的话,应组织地区专业化生产,统一供应毛坯。

零件毛坯选择时,一般按照图1-11所示的思路选择。

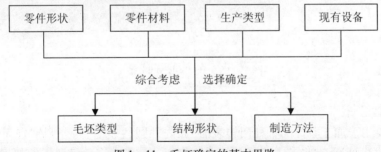

图1-11　毛坯确定的基本思路

**案例:**如图1-12中所示的车床尾座底盘,其形状复杂、材料为HT200,若小批量生产,毛坯可选用砂型铸造的铸件;若大批量生产,可选用金属模铸造。

**提示:**
机械加工工艺规程的其他制订步骤的相关知识见任务二。

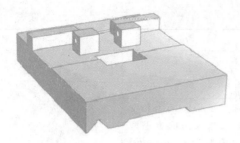

图 1 - 12　车床尾座底盘

## 六、金属切削机床

　　金属切削机床是用切削的方法将金属毛坯加工成零件的机器。若按加工方法和所用刀具进行分类,可分为车床(见图 1 - 13)、钻床(见图 1 - 14)、镗床、磨床(见图 1 - 15、图 1 - 16)、齿轮加工机床、螺纹加工机床、铣床(见图 1 - 17)、刨插床、拉床、锯床和其他机床等 11 大类。

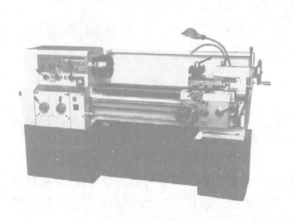

图 1 - 13　C6136A 普通车床

图 1 - 14　台式钻床

图 1 - 15　M1450B 外圆磨床

### 1. 车床

1)车床的用途

　　车床主要用于加工零件的各种回转表面,如内外圆柱表面、内外圆锥表面、成形回转表面和回转体的端面等,有些车床还能车削螺纹表面。由于大多数机器零件都具有回转表面,并且大部分需要用车床来加工,因此车床是一般机器制造厂中应用最广泛的一类机床,占机床总数的 35% ~50% 。

　　在车床上,除使用车刀进行加工之外,还可以使用各种孔加工刀具(如钻头、铰刀、镗刀等)进行孔加工,或者使用螺纹刀具(丝锥、板牙)进行内、外螺纹加工,如表 1 -9 所示。

图 1 - 16　M618 平面磨床

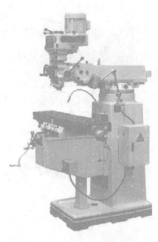

图 1 - 17　X6323A 普通铣床

**表 1 - 9　车床加工范围**

| 钻中心孔 | 钻孔 | 铰孔 | 攻丝 |
|---|---|---|---|
| 车外圆 | 镗孔 | 车端面 | 切断 |
| 车成形面 | 车锥面 | 滚花 | 车螺纹 |

2) 车床的运动

(1) 工件的旋转运动是车床的主运动,其特点是速度较高、消耗功率较大,如表 1 - 9 所示。

(2) 刀具的直线移动是车床的进给运动,是使毛坯上新的金属层被不断投入切削,以便切削出整个加工表面,如表 1 - 9 所示。

上述运动是车床形成加工表面形状所需的表面成形运动。车床上车削螺纹时,工件的旋转运动和刀具的直线移动则形成螺旋运动,是一种复合成形运动。

3) 车床的分类

为适应不同的加工要求,车床分为很多种类。按其结构和用途不同可分为卧式车床(图 1 - 13)、立式车床(图 1 - 18)、转塔车床(图 1 - 19)、回轮车床、落地车床、液压仿形及多刀自动和半自动车床、各种专用车床(如曲轴车床、凸轮车床等)、数控车床和车削加工中心等。

图 1-18 立式车床

图 1-19 转塔车床

**2. 铣床**

1)铣床的用途

铣床是用铣刀进行切削加工的机床,它的用途极为广泛。在铣床上采用不同类型的铣刀,配备万能分度头、回转工作台等附件,可以铣平面、铣键槽、铣 T 形槽、铣燕尾槽、铣内腔、铣螺旋槽、铣曲面、切断等,如图 1-20 所示。

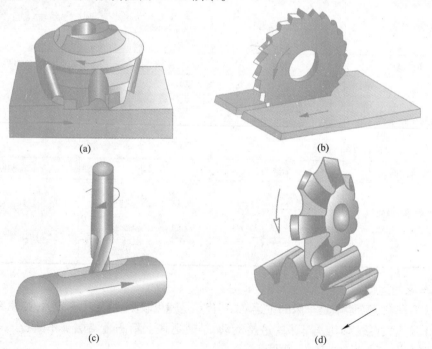

(a)

(b)

(c)

(d)

图 1-20 铣床加工范围
(a)铣平面;(b)切断;(c)铣键槽;(d)铣成形面

2)铣床的运动

铣床工作时的主运动是主轴部件带动铣刀的旋转运动,进给运动是由工作台在三个互相垂直方向的直线运动来实现的。由于铣床上使用的是多齿刀具,切削过程中存在冲击和振动,这就要求铣床在结构上应具有较高的静刚度和动刚度。

**思考：**分析图 1 - 20,试说出哪些运动为主运动,哪些运动为进给运动。

3)铣床的分类

铣床的类型很多,主要类型有卧式升降台铣床、立式升降台铣床(图 1 - 17)、工作台不升降铣床、龙门铣床、工具铣床;此外,还有仿形铣床、仪表铣床和各种专门化铣床(如键槽铣床、曲轴铣床)等。随着机床数控技术的发展,数控铣床、镗铣加工中心的应用也越来越普遍。

> **提示：**
> 磨床、钻床及刨床的相关知识,详见其他任务。

**3. 机床型号**

机床型号是为了方便管理与使用机床,而按一定规律赋予机床的代号,用于表示机床的类型、通用特性和结构特性、主要技术参数等。GB/T 15375—2008《金属切削机床型号编制方法》规定:采用由汉语拼音和阿拉伯数字按一定规律组合而成的方式,来表示各类通用机床、专用机床的型号。

通用机床型号的表示方法如下所示。

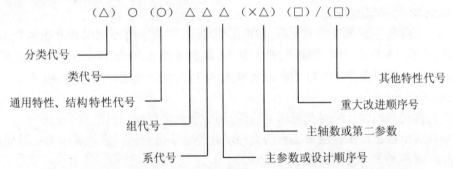

注:①有"()"的代号或数字,当无内容时则不表示,若有内容则不带括号;②有"○"符号者,为大写的汉语拼音字母;③有"△"符号者,为阿拉伯数字;④有"□"符号者,为大写汉语拼音字母,或阿拉伯数字,或两者兼有。

1)机床的类代号

机床的类代号,用大写的汉语拼音字母表示。必要时,每类可分为若干分类。分类代号在类代号之前,作为型号的首位,并用阿拉伯数字表示。第一分类代号前的"1"省略,第二、三分类代号则应予以表示。机床的类和分类代号见表 1 - 10。

表 1 - 10　机床类代号和分类代号

| 类别 | 车床 | 钻床 | 镗床 | 磨床 | | | 齿轮加工机床 |
|---|---|---|---|---|---|---|---|
| 代号 | C | Z | T | M | 2M | 3M | Y |
| 读音 | 车 | 钻 | 镗 | 磨 | 二磨 | 三磨 | 牙 |
| 类别 | 螺纹加工机床 | 铣床 | 刨插床 | 拉床 | 锯床 | 其他机床 | |
| 代号 | S | X | B | L | G | Q | |
| 读音 | 丝 | 铣 | 刨 | 拉 | 割 | 其 | |

2）通用特性代号、结构特性代号

通用特性代号、结构特性代号用大写的汉语拼音字母表示，位于类代号之后。

通用特性代号有统一的固定含义，它在各类机床的型号中表示的意义相同，如表1－11所示。

表1－11　机床的通用特性代号

| 通用特性 | 高精度 | 精密 | 自动 | 半自动 | 数控 | 加工中心（自动换刀） | 仿型 | 轻型 | 加重型 | 简式或经济型 | 柔性加工单元 | 数显 | 高速 |
|---|---|---|---|---|---|---|---|---|---|---|---|---|---|
| 代号 | G | M | Z | B | K | H | F | Q | C | J | R | X | S |
| 读音 | 高 | 密 | 自 | 半 | 控 | 换 | 仿 | 轻 | 重 | 简 | 柔 | 显 | 速 |

对主参数值相同而结构、性能不同的机床，在型号中加结构特性代号予以区分。根据各类机床的具体情况，对某些结构特性代号，可以赋予一定含义。但结构特性代号与通用特性代号不同，它在型号中没有统一的含义，只在同类机床中起区分机床结构、性能的作用。当型号中有通用特性代号时，结构特性代号应排在通用特性代号之后。结构特性代号用汉语拼音字母（通用特性代号已用的字母和"I，O"两个字母不能用）表示，当单个字母不够用时，可将两个字母组合起来使用，如AD，AE……或DA，EA……

3）机床型号的其他参数

机床主参数代表机床规格的大小，在机床型号中，用数字给出主参数的折算数值（1/10或1/150）。第二参数一般是主轴数、最大跨距、最大工作长度、工作台工作面长度等，它也用折算值表示。当机床性能和结构布局有重大改进时，在原机床型号尾部，加重大改进顺序号A，B，C……

其他特性代号用以反映各类机床的特性，用数字或字母或阿拉伯数字表示。

企业代号由机床厂所在城市名称的大写汉语拼音字母及该厂在该城市建立的先后顺序号或机床厂名称的大写汉语拼音字母表示。

通用机床类、组划分如表1－12所示。

表1－12　通用机床类、组划分

| 组别类别 | | 0 | 1 | 2 | 3 | 4 | 5 | 6 | 7 | 8 | 9 |
|---|---|---|---|---|---|---|---|---|---|---|---|
| 车床C | | 仪表车床 | 单轴自动、半自动车床 | 多轴自动、半自动车床 | 回轮、转塔车床 | 曲轴及凸轮轴车床 | 立式车床 | 落地及卧式车床 | 仿形及多刀车床 | 轮、轴、辊、锭及铲齿车床 | 其他车床 |
| 钻床Z | | — | 坐标镗钻床 | 深孔钻床 | 摇臂钻床 | 台式钻床 | 立式钻床 | 卧式钻床 | 铣钻床 | 中心孔钻床 | 其他钻床 |
| 镗床T | | — | — | 深孔镗床 | — | 坐标镗床 | 立式镗床 | 卧式铣镗床 | 精镗床 | 汽车、拖拉机修理用镗床 | 其他镗床 |
| 磨床 | M | 仪表磨床 | 外圆磨床 | 内圆磨床 | 砂轮机 | 坐标磨床 | 导轨磨床 | 刀具刃磨床 | 平面及端面磨床 | 曲轴、凸轮轴、花键轴及轧辊磨床 | 工具磨床 |
| | 2M | — | 超精机 | 内圆珩磨机 | 外圆及其他珩磨机 | 抛光机 | 砂带抛光及磨削机床 | 刀具刃磨及研磨机床 | 可转位刀片磨削机床 | 研磨机 | 其他磨床 |
| | 3M | — | 球轴承套圈沟磨床 | 滚子轴承套圈滚道磨床 | 超精机床 | — | 叶片磨削机床 | 滚子加工机床 | 钢球加工机床 | 气门、活塞及活塞环磨削机床 | 汽车、拖拉机修磨机床 |

续表

| 组别类别 | 0 | 1 | 2 | 3 | 4 | 5 | 6 | 7 | 8 | 9 |
|---|---|---|---|---|---|---|---|---|---|---|
| 齿轮加工机床 Y | 仪表齿轮加工机 | — | 锥齿轮加工机 | 滚齿及铣齿机 | 剃齿及研齿机 | 插齿机 | 花键轴铣床 | 齿轮磨齿机 | 其他齿轮加工机 | 齿轮倒角及检查机 |
| 螺纹加工机床 S | | | 套丝机 | 攻丝机 | | 螺纹铣床 | 螺纹磨床 | 螺纹车床 | | |
| 铣床 X | 仪表铣床 | 悬臂及滑枕铣床 | 龙门铣床 | 平面铣床 | 仿形铣床 | 立式升降台铣床 | 卧式升降台铣床 | 床身铣床 | 工具铣床 | 其他铣床 |
| 刨插床 B | — | 悬臂刨床 | 龙门刨床 | — | — | 插床 | 牛头刨床 | — | 边缘及模具刨床 | 其他刨床 |
| 拉床 L | — | — | 侧拉床 | 卧式外拉床 | 连续拉床 | 立式内拉床 | 卧式内拉床 | 立式外拉床 | 键槽、轴瓦及螺纹拉床 | 其他拉床 |
| 锯床 G | | | 砂轮片锯床 | | 卧式带锯床 | 立式带锯床 | 圆锯床 | 弓锯床 | 锉锯床 | — |
| 其他机床 Q | 其他仪表机床 | 管子加工机床 | 木螺钉加工机 | — | 刻线机 | 切断机 | 多功能机床 | — | — | — |

**案例:**通用机床的型号编制实例。

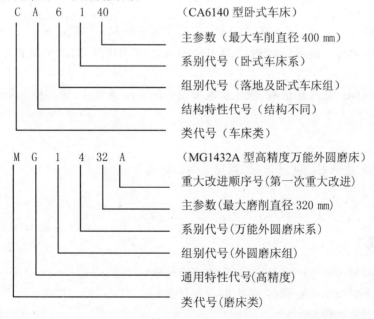

## 步骤三　见习总结

 **相关知识**

总结报告是对一定时期内的学习或工作加以总结、分析和研究,肯定成绩,找出问题,得出经验教训,摸索事物的发展规律,用于指导下一阶段学习工作的一种书面文体。它所要解决和回答的中心问题,不是某一时期要做什么、如何去做、做到什么程度,而是对某种工作实施结果的总鉴定和总结论,是对以往工作实践的一种理性认识。

总结中,须对工作的失误等做出正确的认识,勇于承认错误,可以形成批评与自我批评的良好作风。

**1. 总结报告的特点**

(1)客观性。总结是对过去工作的回顾和评价,因而要尊重客观事实,以事实为依据。

(2)典型性。总结出的经验教训是基本的、突出的、本质的、有规律性的东西,在日常学习、工作及生活中很有现实意义,具有鼓舞、针砭等作用。

(3)指导性。通过总结报告,深知过去工作的成绩与失误及其原因,吸取经验教训,指导将来的工作,使今后少犯错误,取得更大的成绩。

(4)证明性。总结要用自身实践活动中的真实的、典型的材料来证明它所指出的各个判断的正确性。

**2. 总结报告的内容**

工作情况不同,总结的内容也就不同。总地来说,一般包括以下方面。

(1)基本情况。包括工作的有关条件、工作经过情况和一些数据等。

(2)成绩与缺点。这是总结报告的中心和重点,总结的目的就是要肯定成绩,找出缺点。

(3)经验教训。在写总结时,须注意发掘事物的本质及规律,使感性认识上升为理性认识,以指导将来的工作。

 **实践**

根据自己企业见习的实际情况,撰写见习总结报告。

# 巩固与拓展

## 一、巩固自测

(1)什么叫零件的生产纲领,其决定因素有哪些?

(2)产品的组织类型有哪些,各自特点是什么?

(3)机床型号如何编制?

(4)防护用品有哪些? 穿着工作服的"三紧"原则是什么?

## 二、拓展任务

(1)根据企业见习,与同学研讨分析磨床、刨床、钻床的加工范围,磨床工作特点。

(2)根据企业见习,分析轴类零件一般加工工艺过程及常用加工设备。

机械加工工艺制订

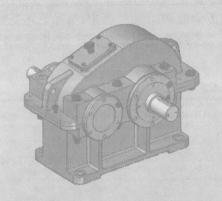

任 务 二

轴类零件加工工艺编制

## 任务目标

通过本任务的学习,学生掌握以下职业能力:

☐ 能够正确分析轴类零件的结构与技术要求;

☐ 根据轴类零件结构及技术要求,合理选择零件材料、毛坯及热处理方式;

☐ 合理选择轴类零件加工方法及刀具,合理安排加工顺序;

☐ 能够分析、选用轴类零件的常用夹具;

☐ 合理确定轴类零件加工余量及工序、尺寸;

☐ 正确、清晰、规范填写工艺文件。

# 任务描述

## ● 任务内容

某厂设计制造各型号减速器,拥有多种加工设备,具体见表2-1。图2-1为某型号减速器的装配图,年产量为150台。该减速器的传动轴备品率为4%,废品率约为1%。传动轴零件图、示意图如图2-2、图2-3所示。试分析该传动轴,确定生产类型,选择毛坯类型及合理的制造方法,选取定位基准和加工装备,拟订工艺路线,设计加工工序,并填写工艺文件。

表 2-1　某厂设备汇总表

| 设备名称 | 设备型号 | 设备台数 | 备注 |
|---|---|---|---|
| 车床 | C620 | 4 | |
| | C731 | 2 | |
| | CA6150 | 3 | |
| 钻床 | Z4012 | 4 | |
| | Z515 | 4 | |
| 磨床 | MW1320 | 2 | |
| | M1432B | 2 | 外圆磨 |
| | M7120A | 1 | 平面磨 |
| 刨床 | B6050 | 3 | |
| | B5020 | 2 | |
| 铣床 | XA6132 | 1 | 卧式 |
| 镗床 | T612 | 2 | 卧式 |
| 滚齿机 | S200 CDM | 1 | |
| 珩齿机 | Y5714 | 1 | |

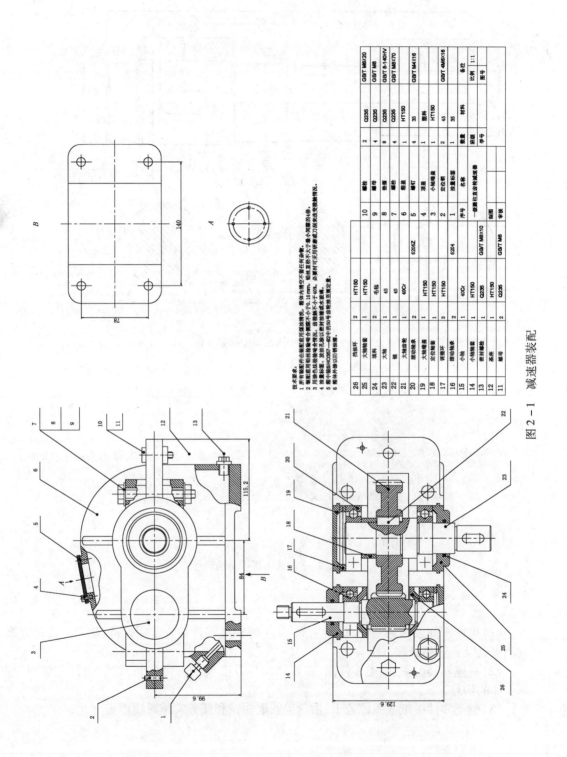

图 2-1　减速器装配

| 26 | 消油环 | 2 | HT150 | | | 10 | 螺栓 | 2 | Q235 | GB/T M8X20 |
|---|---|---|---|---|---|---|---|---|---|---|
| 25 | 大端轴套 | 1 | HT150 | | | 9 | 螺母 | 4 | Q235 | GB/T M8 |
| 24 | 填料 | 2 | 毛毡 | | | 8 | 垫圈 | 8 | Q235 | GB/T 8-140HV |
| 23 | 大轴 | 1 | 45 | | | 7 | 螺栓 | 4 | Q235 | GB/T M8X70 |
| 22 | 键 | 1 | 45 | | | 6 | 螺钉 | 1 | HT150 | |
| 21 | 大端齿轮 | 1 | 40Cr | 6206Z | | 5 | 螺钉 | 4 | 35 | GB/T M4X16 |
| 20 | 大端齿轮 | 2 | HT150 | | | 4 | 顶盖 | 1 | 塑料 | |
| 19 | 大端轴套 | 1 | HT150 | | | 3 | 定位套 | 1 | HT150 | |
| 18 | 定位轴套 | 1 | HT150 | | | 2 | 油盖标签 | 1 | 45 | GB/T-4M8X16 |
| 17 | 调整环 | 3 | | 6204 | | 1 | 油盖标签 | 1 | 35 | |
| 16 | 滚动轴承 | 2 | | | | 序号 | 名称 | 数量 | 材料 | 备注 |
| 15 | 小轴 | 1 | 40Cr | | | 一级圆柱直齿轮减速器 | | | 比例 | 1:1 |
| 14 | 消油套 | 1 | Q235 | GB/T M8X10 | | 制图 | | 采级 | 图号 | |
| 13 | 密封轴套 | 1 | HT150 | GB/T M8 | | 审核 | | 学号 | | |
| 12 | 套座 | 1 | HT150 | | | | | | | |
| 11 | 螺母 | 2 | Q235 | | | | | | | |

技术要求：
1 所有装配件在装配前用煤油清洗净。箱体内壁空不要任何涂装。
2 轴装前用相对软的薄铜片涂箱体不小于0.16mm。箱体直径不小于大要小刚腔的1/6倍。
3 用涂色法检验啮合情况，齿轮按触不小于40%。分聚时可用研磨剂刀后磨光至要求接触面积。
4 油温标志、放油孔及油酒油过后请加水至要求。
5 箱中轴SHO357—82中的50号齿轮机油至规定量。
6 箱体外涂以防腐蚀涂漆。

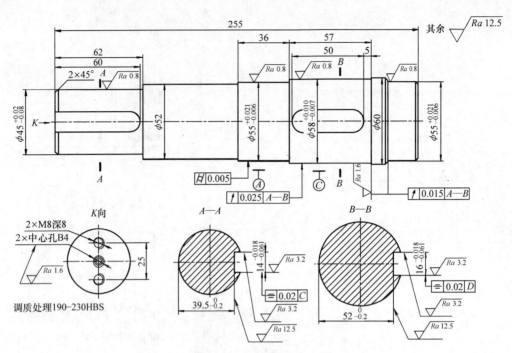

图 2-2 减速器传动轴零件

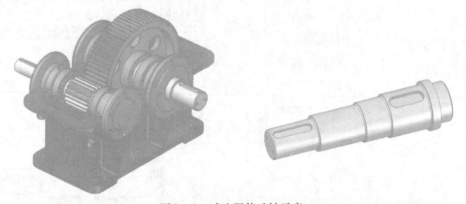

图 2-3 减速器传动轴示意

## ● 实施条件

(1)生产车间或实训基地,供学生见习、了解轴类零件加工常用设备、加工方法及方案、常用夹具及一般热处理方法等。

(2)减速器装配图、轴类零件图、多媒体课件及必要的参考资料,供学生自主学习时获取必要的信息。

(3)轴类零件图纸或图像若干,供学生获取知识和任务实施时使用。

## ● 轴类零件概述

轴类零件是指长度大于直径的回转体类零件的总称,是机器中的主要零件之一,主要用来支承传动件(齿轮、带轮、离合器等)和传递扭矩。

## 一、轴类零件的分类

　　轴类零件一般由同心轴的外圆柱面、圆锥面、内孔和螺纹及相应的端面所组成。根据结构形状的不同,轴类零件可分为光轴、空心轴、阶梯轴和曲轴等,具体如图2-4所示。

　　轴的长径比小于5的称为短轴,大于20的称为细长轴,大多数轴介于两者之间。

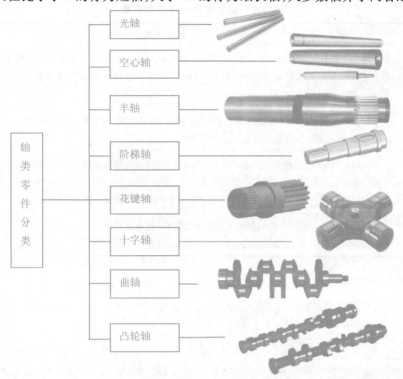

图2-4　轴类零件分类

## 二、轴类零件的结构特点及技术要求

　　轴类零件的典型结构如图2-5所示。

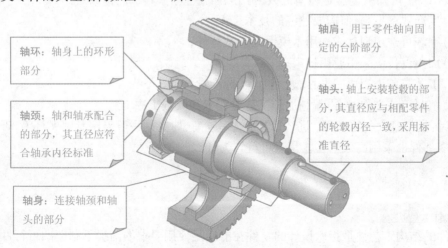

图2-5　轴类零件的典型结构

在机器中,轴用轴承支承,与轴承配合的轴段称为轴颈。轴颈是轴的装配基准,它们的精度和表面质量一般要求较高,其尺寸精度、几何形状精度、相对位置精度、表面结构等技术要求一般根据轴的主要功用和工作条件确定。

轴类零件一般技术要求如表 2 - 2 所示。

**表 2 - 2　轴类零件一般技术要求**

| 分　类 | 一般技术要求 |
|---|---|
| 尺寸精度 | 轴类零件的支承轴颈一般与轴承配合,是轴类零件的主要表面,影响轴的旋转精度与工作状态。通常对轴的尺寸精度要求较高,为 IT5 ~ IT7;装配传动件的轴颈尺寸精度要求可低一些,为 IT6 ~ IT9 |
| 形状精度 | 轴类零件的形状精度主要是指支承轴颈的圆度、圆柱度,一般应将其控制在尺寸公差范围内,对精度要求高的轴,应在图样上标注其形状公差 |
| 位置精度 | 保证配合轴颈(装配传动件的轴颈)相对支承轴颈(装配轴承的轴颈)的同轴度或跳动量,是轴类零件位置精度的普遍要求,它会影响传动件(齿轮等)的传动精度。普通精度轴的配合轴颈对支承轴颈的径向圆跳动,一般规定为 0.01 ~ 0.03 mm,高精度轴为 0.001 ~ 0.005 mm |
| 表面结构 | 一般与传动件相配合的轴颈的表面结构参数 $Ra$ 值为 2.5 ~ 6.3 $\mu m$<br>与轴承相配合的支承轴颈的表面结构参数 $Ra$ 值为 0.16 ~ 0.63 $\mu m$ |

# 程序与方法

## 步骤一　计算零件的生产纲领、确定生产类型

 **实践**

计算生产纲领,确定生产类型。

减速器计划每年生产 150 台,传动轴备品率为 4%,废品率为 1%,该传动轴每台减速器需 1 根,其生产纲领

$$N = 150 \times 1 \times (1 + 4\%) \times (1 + 1\%) = 157.56 \approx 158$$

查表 1 - 7 可知减速器是轻型机械,属于小批量生产,其工艺特征是:

(1)生产效率不高,但需要熟练的技术工人;

(2)毛坯可选用型材或选用木模手工造型铸件;

(3)加工设备应采用通用机床;

(4)工艺装备采用通用夹具、通用刀具、标准量具等;

(5)填写工艺文件时,需编制加工工艺过程卡和关键工序卡。

**研讨**:批量越大的零部件,生产工艺的效率越高,如夹具一般采用专用夹具等,若小批量生产的零部件也采用高效率工艺是否可行? 为什么?

## 步骤二　结构及技术要求分析

 **相关知识**

零件的结构工艺性是指所设计的零件在能满足使用要求的前提下制造的可行性和经济性,包括零件的各个制造过程中的工艺性,有零件结构的铸造、锻造、冲压、焊接、热处理、切

削加工等工艺性。

　　零件结构工艺性涉及面较广,具有综合性,必须全面综合地分析。在制订机械加工工艺规程时,主要进行零件切削加工工艺性分析。

　　零件结构工艺性的分析,可从零件的整体结构、标注、结构要素等方面综合分析。

　　**案例:**部分结构工艺性案例如表 2 - 3 所示。

表 2 - 3　零件结构工艺性案例

| 主要要求 | 结构工艺性 | | 工艺性好的结构优点 |
|---|---|---|---|
| | 不好 | 好 | |
| 加工面积应尽量少 | | | 1. 减少了加工量<br>2. 减少了材料及切削工具的消耗量 |
| 钻孔的出端与入端应避免斜孔 | | | 1. 避免刀具损坏<br>2. 提高钻孔精度<br>3. 提高生产率 |
| 避免斜孔 | | | 1. 减少夹具损坏<br>2. 几个平行的孔便于同时加工<br>3. 减少孔的加工量 |
| 进气孔等安排在外圆上 | | | 1. 便于加工<br>2. 便于保证槽的间距 |

**研讨**:结合任务一所讲的零件图样分析思路及本步骤相关知识,分析该任务传动轴哪些为主要表面,哪些是次要表面。

 **实践**

分析减速器传动轴结构及技术要求。

(1)$\phi$55 轴颈尺寸精度为 IT6,为了保证与轴承的配合性质,对圆柱度提出了进一步的要求(0.005 mm),表面结构参数 $Ra \leqslant 0.8$ $\mu$m,是加工要求最高的部位。

(2)中间 $\phi$58 轴头处安装从动齿轮,为了保证齿轮的运动精度,除按 IT6 给出尺寸公差,还规定了对基准轴线 $A—B$ 的径向圆跳动公差(0.025 mm),表面结构参数 $Ra \leqslant 0.8$ $\mu$m。

(3)$\phi$60 处两轴肩是止推面,对配合件起定位作用,要求保证对基准轴线 $A—B$ 的端面圆跳动公差(0.015 mm),表面结构参数 $Ra \leqslant 1.6$ $\mu$m。

(4)宽度为 14 mm、16 mm 的两键槽中心平面分别对 $\phi$45、$\phi$58 外圆轴线规定了对称度公差(0.02 mm)。

传动轴的技术要求如表 2 - 4 所示。

表 2 - 4    传动轴的技术要求

| 加工表面 | 表面结构参数 $Ra$/$\mu$m | 硬度 HBS | 精度要求 | 允许值 |
|---|---|---|---|---|
| 支承轴颈 | 0.8 | 190 ~ 230 | 尺寸精度<br>圆度 | IT6<br>0.005 mm |
| 轴头 | 0.8 | 190 ~ 230 | 尺寸精度 | IT6 |
| 止推面 | 1.6 | 190 ~ 230 | 对支承轴颈的圆跳动 | 0.015 mm |
| 键槽 | 3.2 | 190 ~ 230 | 对轴线的对称度 | 0.02 mm |

## 步骤三    材料和毛坯选取

 相关知识

## 一、轴类零件常用材料

轴类零件应根据不同的工作条件和使用要求选用不同的材料,并采用不同的热处理方法,如调质、正火、淬火等,以获得一定的强度、韧性和耐磨性。轴类零件常用材料见图 2 - 6。

45 钢是轴类零件的常用材料之一。它价格便宜,经过调质(或正火)后,可得到较好的切削性能,而且能获得较高的强度和韧性等综合机械性能,淬火后表面硬度可达 45 ~ 52 HRC。

40Cr 等合金结构钢适用于中等精度而转速较高的轴类零件,这类钢经调质和淬火后,具有较好的综合机械性能。

轴承钢 GCr15 和弹簧钢 65Mn,经调质和表面高频淬火后,表面硬度可达 50 ~ 58 HRC,并具有较高的耐疲劳性能和较好的耐磨性能,可制造较高精度的轴。

精密机床的主轴(例如磨床砂轮轴、坐标镗床主轴)可选用 38CrMoAlA 氮化钢。这种钢经调质和表面氮化后,不仅能获得很高的表面硬度,而且能保持较软的芯部,因此耐冲击韧性好。与渗碳淬火钢比较,它有热处理变形很小、硬度更高的特性。

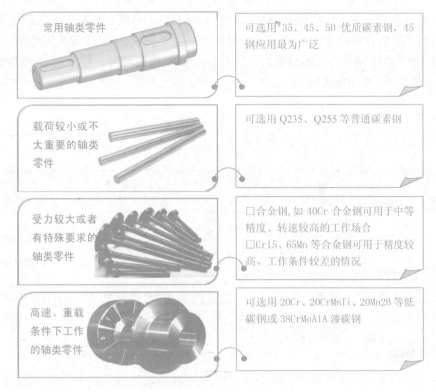

图 2-6　轴类零件常用材料

　　球墨铸铁、高强度铸铁由于铸造性能好,且具有减振性能,常在制造外形结构复杂的轴中采用。镁球墨铸铁,抗冲击韧性好,同时还具有减摩、吸振、对应力集中敏感性小等优点,已被应用于制造汽车、拖拉机、机床上的重要轴类零件。

## 二、轴类零件常用毛坯

　　轴类零件可根据使用要求、生产类型、设备条件及结构,选用棒料、锻件等毛坯形式,如图 2-7 所示。

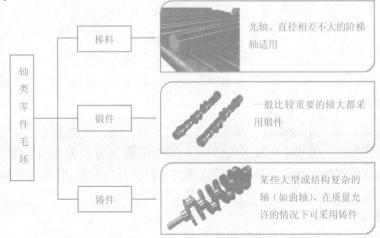

图 2-7　轴类零件常用毛坯

对于外圆直径相差不大的轴,一般以棒料为主;而对于外圆直径相差大的阶梯轴或重要的轴,常选用锻件,这样既节约材料又减少机械加工的工作量,还可改善机械性能。

根据生产规模的不同,毛坯的锻造方式有自由锻和模锻两种。中小批生产多采用自由锻,大批大量生产时采用模锻。

### 实践

该输出轴外圆直径尺寸相差不大,且属于小批量生产,选取热轧圆钢为坯料,材质为45 钢。

> **注:**
> 毛坯尺寸在步骤九中确定。

## 步骤四　定位基准的选择

### 相关知识

在编制工艺规程时,正确选择各道工序的定位基准,对保证加工质量、提高生产率等有重大影响。

### 一、基准的概念

基准是指确定零件上某些点、线、面位置时所依据的那些点、线、面,或者说是用来确定生产对象上几何要素间的几何关系所依据的那些点、线、面。

**案例:** 如图 2 - 8(a)所示,对于尺寸 20 mm 来说,$A$ 面是 $B$ 面的基准,或者 $B$ 面是 $A$ 面的基准;图 2 - 8(b)中同轴度,$\phi 50$ 轴线是 $\phi 30$ 轴线的基准。

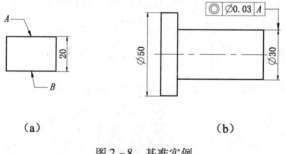

（a）　　　　　　　　　　　　　（b）

图 2 - 8　基准实例

（a）面;（b）轴线

### 二、基准的分类

基准按作用不同,可划分为设计基准和工艺基准两大类。工艺基准是指在加工或装配过程中所使用的基准。工艺基准根据其使用场合的不同,又可分为工序基准、定位基准、测量基准和装配基准四种。而定位基准根据选用的基准是否已加工,可分为粗基准和精基准,如图 2 - 9 所示。

**1. 设计基准**

设计基准是设计图样上所采用的基准。

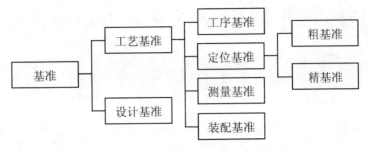

图2-9　基准的分类

**案例**:图2-8(a)和图2-8(b)中的基准都是设计基准,另外图2-8(b)中的 φ50 圆柱面的设计基准是 φ50 的轴线,φ30 圆柱面的设计基准是 φ30 的轴线。因此,对于圆柱面,不应笼统地说轴的中心线是它们的设计基准。

**案例**:如图 2-10 所示,圆柱面的下素线 D 是槽底面的设计基准。

**案例**:图 2-11(a)所示为齿轮轴零件的尺寸标注,端面 A 和 B 表面结构参数为 0.4,都要磨削。磨削 A 面后,同时获得 45 mm 和 170 mm;磨削 B 面后,同时获得尺寸 45 mm、60 mm 和 145 mm。这两组尺寸中,都有一个尺寸可直接获得,其余尺寸则要进行尺寸链换算才能获得。由尺寸链理论可知,这将会增加零件的精度要求,所以工艺性不好。若改成如图 2-11(b)所示的尺寸标注,即两个 45 mm 分

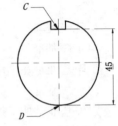

图2-10　设计基准

别标注为 125 mm 和 100 mm,并标注总长尺寸 375 mm,则磨削 A 面时,仅保证尺寸 170 mm;磨削端面 B 时,仅保证尺寸 60 mm,没有多尺寸同时保证问题,符合按照加工顺序标注尺寸,因而不必进行工艺尺寸链换算,不增加零件的加工难度,结构工艺性好。

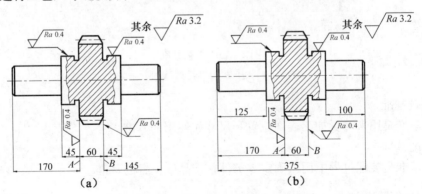

图2-11　按照加工顺序标注尺寸的实例
(a)不正确;(b)正确

注:工艺尺寸链理论见本任务步骤九。

**案例**:图 2-12(a)所示为阶梯轴以左端面为定位基准,加工时,左端面紧靠在固定支撑上,前顶尖轴向可以浮动。此时,零件上的轴向尺寸应以左端面为基准标注。若左端面距加工面较远,调整或测量不便时,可改用图 2-12(b)所示的以作为调整基准(即调整刀具位置

的基准)的轴肩为基准标注轴向尺寸,并标注 50 mm,连接定位基准和调整基准。

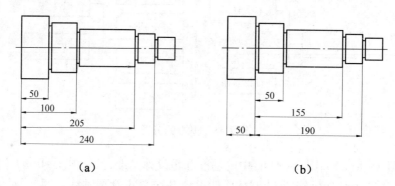

（a）　　　　　　　　　　　　　　（b）

图2–12　在多刀车床上加工阶梯轴的尺寸标注实例

(a)从左端面定位基准标注尺寸;(b)从调整基准标注尺寸

### 2. 工艺基准

1）工序基准

工序基准是在工序图上用来确定加工表面位置的基准。

2）定位基准

定位基准是加工过程中使工件相对机床或刀具占据正确位置所使用的基准。

**案例**:图2–13(a)中的表面 A 是孔的工序基准,图2–13(b)中的表面 A 和 D 是定位基准。

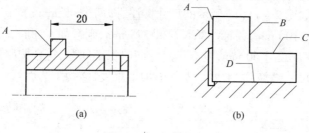

(a)　　　　　　　　　　　(b)

图2–13　工艺基准

(a)工序基准;(b)定位基准

3）测量基准

测量基准是用来测量加工表面位置和尺寸而使用的基准。

4）装配基准

装配基准是装配过程中用以确定零部件在产品中位置的基准。

## 三、定位基准的选择

用未加工的毛坯表面作定位基准,称为粗基准;用加工过的表面作定位基准,称为精基准。

定位基准选择时,首先要保证工件的精度要求,因而在分析选择定位基准时,应先分析精基准,再分析粗基准。

### 1. 精基准的选择

选择精基准时,应保证加工精度和装夹可靠方便,可按表2–5所述的原则选取。

表2-5　精基准选择原则

| 原　　则 | 含　　义 | 说　　明 |
|---|---|---|
| 基准重合原则 | 以设计基准作为定位基准 | 避免由于基准不重合而产生定位误差 |
| 基准统一原则 | 在大多数工序中,都使用同一基准 | 保证各加工表面的相互位置精度,避免基准变换所产生的误差,提高加工效率 |
| 互为基准原则 | 加工表面和定位表面互相转换,互为定位基准 | 可提高相互位置精度 |
| 自为基准原则 | 以加工表面自身作为定位基准 | 可提高加工表面的尺寸精度,不能提高表面间的位置精度 |

　　**案例**:如图2-14所示的箱体零件,孔Ⅳ在垂直方向上的设计基准是底面$D$。在小批量生产时,镗孔Ⅳ常以底面$D$作为基准,此时设计基准与定位基准重合,则可直接保证尺寸$Y_{IV}$;影响尺寸$Y_{IV}$加工精度的只有与镗孔工序有关的加工误差,若把这项误差控制在一定的范围内,就可保证规定的加工精度。

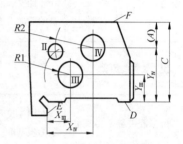

图2-14　主轴箱体

　　在大批量生产中镗主轴孔时,为使夹具简单,常以顶面$F$作为定位基准,直接保证的尺寸是$A$,设计尺寸$Y_{IV}$只能间接保证,尺寸$Y_{IV}$的精度取决于尺寸$A$和$C$的加工精度。由此可知,影响尺寸$Y_{IV}$精度的因素除了与镗孔有关的加工误差以外,还与已加工尺寸$C$的加工误差有关,这就是由于设计基准和定位基准不重合而产生的基准不重合误差。

　　**案例**:图2-15中,$A$面和$F$面之间有同轴度要求,若用$A$面定位来加工$F$面,用$F$面定位来加工$A$面,这就是互为基准加工。

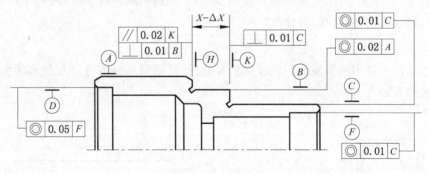

图2-15　互为基准

　　**案例**:拉孔、铰孔、珩磨孔、浮动镗刀镗孔等精加工工序一般加工余量小且均匀,常选用加工表面本身为基准进行加工,即自为基准。采用自为基准原则加工时,只能提高加工表面本身的尺寸精度、形状精度,不能提高加工表面的位置精度。

　　**2. 粗基准的选择**

　　粗基准的选择是否合理对以后工序的加工质量有很大的影响。因此,在选择粗基准时,必须从零件加工的全过程来考虑。所考虑的主要问题有两个,一是以后各加工面的余量分配,二是加工面与非加工面的相互位置要求,可按表2-6所示的原则选取。

表2-6　粗基准选择原则

| 原　则 | 含　义 | 对粗基准的要求 |
|---|---|---|
| 余量均匀分配原则 | 应保证各加工表面都有足够的加工余量;以加工余量小而均匀的重要表面为粗基准,以保证该表面加工余量分布均匀、表面质量高 | 1. 粗基准面应平整,没有浇口、冒口或飞边等缺陷,以便定位可靠<br>2. 粗基准一般只能使用一次(尤其是主要定位基准),以免产生较大的位置误差 |
| 保证相互位置精度的原则 | 一般应以非加工面作为粗基准,保证非加工表面相对于加工表面具有较为精确的相对位置。当零件上有几个非加工表面时,应选择与加工面相对位置精度要求较高的非加工表面作粗基准 | |
| 便于装夹的原则 | 选表面光洁的平面作粗基准,以保证定位准确、夹紧可靠 | |
| 粗基准一般不得重复使用的原则 | 在同一尺寸方向上粗基准通常只允许使用一次,这是因为粗基准一般都很粗糙,重复使用同一粗基准所加工的两组表面之间位置误差会相当大 | |

　　**案例**:如图2-16所示的阶梯轴,其剖面线部分为各部分的加工余量,$\phi98$ 外圆的余量较大,$\phi50$ 外圆的余量较小,且 $\phi108$ 外圆与 $\phi55$ 外圆有 3 mm 的偏心,若以 $\phi108$ 外圆作为粗基准加工 $\phi50$ 的外圆,则有可能因 $\phi50$ 的余量不足而使工件报废。因此,应按照余量均匀分配原则选 $\phi55$ 外圆为粗基准。

　　**研讨**:如图2-17所示的阶梯轴,若以毛坯面 $B$ 为粗基准,依次加工表面 $A$ 和 $C$,对表面 $A$ 和 $C$ 有没有影响? 如果有,有什么影响,为什么?

> **提示:**
> 　　从粗基准一般不得重复使用的原则出发分析,其结果是表面 $A$ 的轴线和表面 $B$ 的轴线同轴度误差较大。

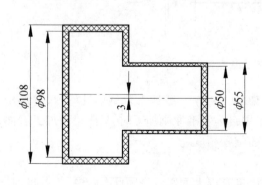

图2-16　阶梯轴加工的粗基准选择

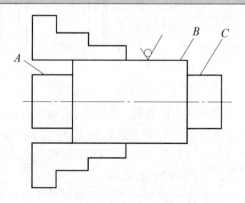

图2-17　阶梯轴加工的粗基准选择

实践

讨论确定减速器传动轴定位基准。

为保证各配合表面的位置精度要求,轴类零件一般选用两端中心孔为精基准加工各段外圆、轴肩等;且热处理后应修研中心孔,以保证定位基准的精度和表面结构。

本传动轴的加工在第一道工序中第一次安装以毛坯外圆为粗基准。两端中心孔在调质之后和磨削之前各安排一次研修中心孔的工序。调质之后研修中心孔是为了消除中心孔的热处理变形和氧化皮;磨削之前研修中心孔是为了提高基准精度。具体见表2-7。

**表2-7 传动轴加工基准**

| 基准分类 | 基准 | 简 图 | 夹紧方式 |
|---|---|---|---|
| 粗基准 | 外圆毛坯 | | 三爪卡盘—顶尖 |
| 精基准 | 两中心孔 | | 双顶尖 |

## 步骤五 加工方法及加工方案选择

 相关知识

### 一、轴类零件外圆表面常用的加工方法

外圆表面常用的加工方法有车削加工、磨削加工、光整加工等三类。

**1. 车削加工**

车削加工(见图2-18)是外圆表面最经济有效的加工方法,但就其经济精度来说,一般适于作为外圆表面粗加工和半精加工方法。

**2. 磨削加工**

磨削加工(见图2-19)是外圆表面主要精加工方法,特别适用于各种高硬度和淬火后的零件精加工。

**3. 光整加工**

图2-18 车削加工

光整加工(见图2-20)是精加工后进行的超精密加工方法,适用于某些精度和表面质量要求很高的零件,常用方法有滚压、抛光、研磨。

图 2 - 19　磨削加工

图 2 - 20　抛光加工

**注：**

□由于各种加工方法所能达到的经济加工精度、表面结构、生产率和生产成本各不相同，因此必须根据具体情况，选用合理的加工方法，从而加工出满足零件图纸上要求的合格零件。选择零件表面加工方法，常根据经验或查表来确定，然后根据实际情况或通过工艺实验进行修改。

□精细车要求机床精度高、刚性好、传动平稳、能微量进给、无爬行现象。车削中采用金刚石或硬质合金刀具，刀具主偏角选大些(45°~90°)，刀具的刀尖圆弧半径小于 0.1 ~ 1.0 mm，以减少工艺系统中弹性变形及振动。

## 二、外圆表面的车削加工方法

### 1. 车削加工过程

刀具与工件间的相对运动称为切削运动(即表面成形运动)。按作用来分，切削运动可分为主运动和进给运动。其切削加工过程是一个动态过程，在切削过程中，工件上通常存在着待加工表面、过渡表面和已加工表面等三个不断变化的切削表面，如图 2 - 21 所示。

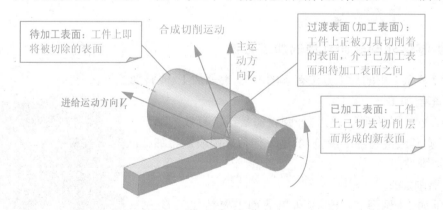

待加工表面：工件上即将被切除的表面

合成切削运动

主运动方向 $V_c$

过渡表面(加工表面)：工件上正被刀具切削着的表面，介于已加工表面和待加工表面之间

进给运动方向 $V_f$

已加工表面：工件上已切去切削层而形成的新表面

图 2 - 21　切削运动与切削方向

1) 主运动

主运动是刀具与工件之间的相对运动。它使刀具的前刀面能够接近工件，切除工件上的被切削层，使之转变为切屑，从而完成切削加工。一般情况下，主运动速度最高，消耗功率

最大,机床通常只有一个主运动。例如,车削加工时,工件的回转运动是主运动。

2)进给运动

进给运动是配合主运动实现依次连续不断切除多余金属层的刀具与工件之间的附加相对运动。进给运动与主运动配合即可完成所需的表面几何形状的加工。根据工件表面形状成形的需要,进给运动可以是多个,也可以是一个;可以是连续的,也可以是间歇的。

3)合成运动与合成切削速度

当主运动和进给运动同时进行时,刀具切削刃上某一点相对于工件的运动称为合成切削运动,其大小和方向用合成速度向量 $V_e$ 表示。

$$V_e = V_c + V_f$$

**2. 切削用量三要素与切削层参数**

切削用量三要素与切削层参数如图 2 – 22 所示。

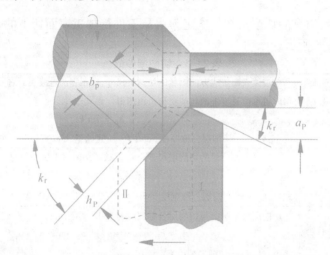

图 2 – 22　切削用量三要素与切削层参数

1)切削用量三要素

a. 切削速度 $V_c$

切削速度 $V_c$ 是刀具切削刃上选定点相对于工件的主运动瞬时线速度。由于切削刃上各点的切削速度可能不同,计算时常用最大切削速度代表刀具的切削速度。当主运动为回转运动时

$$V_c = \frac{\pi d n}{1\ 000}$$

式中　　$d$ ——切削刃上选定点的回转直径,mm;

　　　　$n$ ——主运动的转速,r/s 或 r/min。

b. 进给速度 $V_f$ 和进给量 $f$

进给速度 $V_f$ 是切削刃上选定点相对于工件的进给运动瞬时速度,单位为 mm/s 或 mm/min。

进给量 $f$ 是刀具在进给运动方向上相对于工件的位移量,用刀具或工件每转或每行程的位移量来表述,单位为 mm/r 或 mm/行程。

$$V_f = nf$$

c. 切削深度 $a_p$

对于车削和刨削加工来说,切削深度(背吃刀量) $a_p$ 是在与主运动和进给运动方向相垂直的方向上度量的已加工表面与待加工表面之间的距离,单位为 mm。

$$a_p = \frac{d_w + d_m}{2}$$

式中　$d_w$ ——工件待加工表面直径,mm。

$d_m$ ——工件已加工表面直径,mm。

对于钻孔加工来说

$$a_p = \frac{d_m}{2}$$

2)切削层参数

在切削过程中,刀具的切削刃在一次走刀中从工件待加工表面切下的金属层,称为切削层,其参数如表 2-8 所示。

表 2-8　切削层参数

| | | |
|---|---|---|
| 切削层参数 | 切削层公称厚度 $h_D$ | 在过渡表面法线方向测量的切削层尺寸,即相邻两过渡表面之间的距离。 $h_D$ 反映了切削刃单位长度上的切削负荷。由图得:<br>$$h_D = f \sin k_r$$<br>式中: $h_D$ ——切削层公称厚度,mm; $f$ ——进给量,mm/r; $k_r$ ——车刀主偏角,° |
| | 切削层公称宽度 $b_D$ | 沿过渡表面测量的切削层尺寸。 $b_D$ 反映了切削刃参加切削的工作长度。由图得:<br>$$b_D = a_p / \sin k_r$$<br>式中: $b_D$ ——切削层公称宽度,mm |
| | 切削层公称横截面积 $A_D$ | 切削层公称厚度与切削层公称宽度的乘积。由图得:<br>$$A_D = h_D \times b_D = f \sin k_r \times a_p / \sin k_r = f \times a_p$$<br>式中: $A_D$ ——切削层公称横截面积,mm² |

### 3. 车削加工分类

车削加工一般分为粗车和精车两类,其特点及适用范围如表 2-9 所示。

表 2-9　轴类零件车削加工方法

| 车削类别 | 特点及适用范围 |
|---|---|
| 荒车 | 自由锻件和大型铸件的毛坯加工余量很大,为了减少毛坯外圆形状误差和位置偏差,使后续工序加工余量均匀,以去除外表面的氧化皮为主的外圆加工,一般切除余量为单面 1~3 mm |
| 粗车 | 中小型锻、铸件毛坯一般直接进行粗车。粗车主要切去毛坯大部分余量(一般车出阶梯轮廓),在工艺系统刚度容许的情况下,应选用较大的切削用量以提高生产效率 |
| 半精车 | 一般作为中等精度表面的最终加工工序,也可作为磨削和其他加工工序的预加工。对于精度较高的毛坯,可不经粗车,直接半精车 |
| 精车 | 外圆表面加工的最终加工工序和光整加工前的预加工 |
| 精细车 | 高精度、细结构表面的最终加工工序。适用于有色金属零件的外圆表面加工,但由于有色金属不宜磨削,所以可采用精细车代替磨削加工 |

## 三、外圆表面常用的加工方案

一般情况下,表面机械加工方法和方案的选择步骤为:首先确定各主要表面的加工方法,然后确定各次要表面的加工方法和方案。对于各主要表面,首先确定其最终工序的机械加工方法,然后以由后向前推进的程序,选定其前面一系列准备工序的加工方法。

外圆表面的加工路线如图2-23所示。

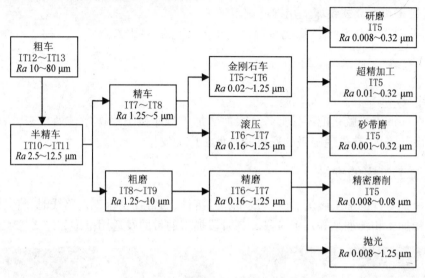

图2-23 外圆表面的加工路线

常见的轴类零件加工方案如表2-10所示。

表2-10 常见的轴类零件加工方案

| 序号 | 加工方案 | 经济精度等级 | 表面结构参数 $Ra/\mu m$ | 适用范围 |
|---|---|---|---|---|
| 1 | 粗车 | IT11 以下 | 50—12.5 | 适用于淬火钢以外的各种金属 |
| 2 | 粗车—半精车 | IT10—IT8 | 6.3—3.2 | |
| 3 | 粗车—半精车—精车 | IT8—IT7 | 1.6—0.8 | |
| 4 | 粗车—半精车—精车—滚压(或抛光) | IT8—IT7 | 0.2—0.025 | |
| 5 | 粗车—半精车—磨削 | IT8—IT7 | 0.8—0.4 | 主要用于淬火钢,也可用于未淬火钢,但不宜加工有色金属 |
| 6 | 粗车—半精车—粗磨—精磨 | IT7—IT6 | 0.4—0.1 | |
| 7 | 粗车—半精车—粗磨—精磨—超精加工 | IT5 | 0.1—0.012 | |
| 8 | 粗车—半精车—精车—金刚石车 | IT7—IT6 | 0.4—0.025 | 主要用于要求较高的有色金属加工 |
| 9 | 粗车—半精车—粗磨—精磨—超精磨或镜面磨 | IT5 以上 | 0.025—0.006 | 极高精度的外圆加工 |
| 10 | 粗车—半精车—粗磨—精磨—研磨 | IT5 以上 | 0.1—0.006 | |

 实践

选择减速器传动轴加工方法,确定价格方案。

□ 本传动轴除 $\phi52$、$\phi60$ 两段外圆面都可以采用粗车—半精车的加工方案。

□ 其余四段外圆面,尺寸精度均为6级,表面结构参数 $Ra$ 值也较小,应采用粗车—半精车—粗磨—精磨的加工方案。

□ $\phi60$ 两端轴肩,与 $\phi55$、$\phi58$ 外圆同时加工,最后需在磨床上用砂轮靠磨,以保证位置精度和表面粗糙度要求。

□ 两键槽可在立式铣床上用键槽铣刀加工。

□ 左端面 $2\times M8$ 深 8 的螺孔在台式钻床上钻孔和攻螺纹。

# 步骤六　加工顺序的安排

 相关知识

加工顺序的安排就是把零件上各个表面的加工顺序按工序次序排列出来,一般包括切削加工顺序的安排、热处理工序的安排和其他工序的安排。

## 一、切削加工工序的安排

为了保证零件的加工质量、生产效率和经济性,通常在安排工艺路线时,将其划分成粗加工、半精加工和精加工等几个阶段。各阶段加工的目的及适用范围如图 2 – 24 所示。

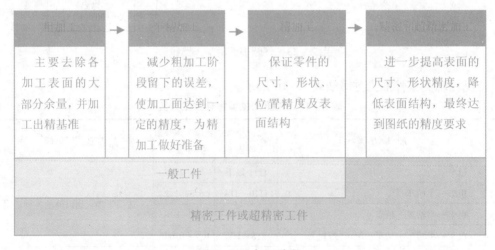

图 2 – 24　加工阶段

安排切削加工工序时,应先安排各表面的粗加工,其次安排半精加工,最后安排精加工和光整加工。因为次要表面的精度不高,一般经粗加工和半精加工阶段后即可完成,但一些同主要表面相对位置关系密切的表面,通常多置于精加工之后加工。

根据零件功用和技术要求,往往先将零件各表面分为主要表面和次要表面,然后重点考虑主要表面的加工顺序,次要表面适当穿插在主要表面的加工工序之间。

零件的精基准表面应先加工,以便定位可靠,并使其他表面达到一定的精度。

**案例**:轴类零件一般先加工中心孔、齿轮先加工孔及基准端面、箱体类零件先加工底面及定位孔,这都是为了定位可靠,提高加工精度。

**研讨**:底座、箱体、支架及连杆类零件一般先加工平面,再加工孔,为什么?

**提示:**

以平面为精基准加工孔,便于保证平面与孔的位置精度。

注：

　　□ 当毛坯余量特别大、表面非常粗糙的时候,在粗加工阶段前还有荒加工阶段,为及时发现毛坯缺陷,减少运输量,荒加工阶段一般安排在毛坯准备车间进行。

　　□ 切削加工工序安排的一般原则可总结为"基准先行、先粗后精、先主后次、先面后孔",其含义如表 2 – 11 所示。

综上,加工顺序安排可总结为表 2 – 11 所述的十六字原则。

### 表 2 – 11 加工顺序安排

| 原 则 | 含 义 |
| --- | --- |
| 基准先行 | 先安排被选作精基准的表面的加工,再以加工出的精基准为定位基准,安排其他表面的加工 |
| 先粗后精 | 先安排各表面粗加工,后安排精加工 |
| 先主后次 | 先考虑加工主要表面的工序安排,以保证主要表面的加工精度 |
| 先面后孔 | 对于既有平面,又有孔或孔系的箱体和支架类等零件,应先将平面(通常是装配基准)加工出来,再以平面为基准加工孔或孔系 |

## 二、热处理和表面处理工序的安排

在零件机械加工工艺过程中,需合理安排一些热处理工序,以提高零件材料的力学性能和改善切削性能,消除毛坯制造和加工过程中产生的残余应力。常见的热处理如表 2 – 12 所示。

### 表 2 – 12 热处理分类

| 分 类 | 应 用 |
| --- | --- |
| 预备热处理 | □ 主要目的是为了改善工件材料的切削性能,消除毛坯制造过程中产生的残余应力<br>□ 常用的方法有退火、正火和调质<br>□ 对于含碳量大于 0.5% 的碳钢,一般采用退火以降低硬度<br>□ 对于含碳量小于 0.5% 的碳钢,一般采用正火提高其硬度,保证切削时不粘刀;调质能够得到细密均匀的回火索氏体组织,因此有时也用作预备热处理<br>□ 预备热处理一般安排在粗加工之前,但调质通常安排在粗加工之后 |
| 消除残余应力处理 | □ 主要是消除毛坯制造或工件加工过程中产生的残余应力<br>□ 常用的方法有时效和退火,一般安排在粗加工之后精加工之前进行<br>□ 对于精度要求一般的工件,在粗加工之后安排一次时效或退火,可同时消除毛坯制造和粗加工的残余应力,减小后续工序的变形<br>□ 精度要求高的零件,则应在半精加工之后安排第二次时效处理,确保精度稳定<br>□ 一些精度要求很高的零件如精密丝杠、主轴等,则需要安排多次时效处理 |
| 最终热处理 | □ 主要目的是提高材料的强度和硬度,常用的方法有淬火—回火以及各种表面化学处理如渗碳、氮化等<br>□ 最终热处理一般安排在半精加工之后、磨削加工之前,但氮化处理由于氮化层硬度高、变形小,安排在粗磨和精磨之间进行 |

热处理和表面处理工序的安排如图 2 – 25 所示。

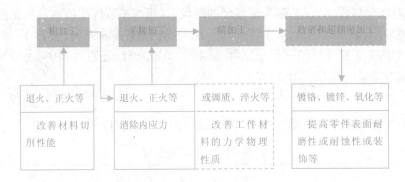

图 2 – 25　热处理和表面处理工序的安排

注：
　□ 渗碳淬火一般安排在切削加工后、磨削加工前进行。
　□ 表面淬火和渗氮等变形小的热处理工序，允许安排在精加工后进行。
　□ 热处理具体相关知识及应用请参考《工程材料与材料成型工艺》。

## 三、其他工序的安排

### 1. 检验工序的安排

在工艺规程中，应在下列情况下安排常规检验工序：

（1）重要工序的加工前后；

（2）不同加工阶段的前后，如粗加工结束、精加工前；精加工后、精密加工前；

（3）工件从一个车间转到另一个车间前后；

（4）零件的全部加工结束以后。

### 2. 辅助工序的安排

辅助工序的种类很多，如去毛刺、倒棱边、去磁、清洗、动平衡、涂防锈油和包装等。辅助工序是保证产品质量所必要的工序，因此在制订机械加工工艺路线时，一定要充分重视辅助工序的安排，合理确定其在工艺路线中的位置。

## 四、加工工序设计原则

零件各表面的加工方案确定后及加工阶段划分后，可将同一阶段的加工组合成若干工序，即工序设计。

工序设计可以基于工序集中、工序分散两种原则进行（见表 2 – 13），实际操作中应根据生产纲领、零件的技术要求、产品的市场前景以及现场的生产条件等因素综合考虑后决定。

表 2-13　工序集中与工序分散的特点及应用

| 类别 | 特　　点 | 应　　用 |
|---|---|---|
| 工序集中 | (1)在一次安装中可加工出多个表面,不但减少了安装次数,而且易于保证这些表面之间的位置精度;<br>(2)有利于采用高效的专用机床和工艺装备;<br>(3)所用机器设备的数量少,生产线的占地面积小,使用的工人也少,易于管理;<br>(4)机床结构通常较为复杂,调整和维修比较困难 | 对于多品种、中小批量生产,为便于转换和管理,多采用工序集中方式<br>数控加工中心采用的便是典型的工序集中方式<br>由于市场需求的多变性,对生产过程的柔性要求越来越高,工序集中将越来越成为生产的主流方式 |
| 工序分散 | (1)使用的设备较为简单,易于调整和维护;<br>(2)有利于选择合理的切削用量;<br>(3)使用的设备数量多,占地面积较大,使用的工人数量也多 | 传统的流水线、自动线生产,多采用工序分散的组织形式,个别工序亦有相对集中的情况 |

 **实践**

选择减速器传动轴加工方法,确定加工方案。

□ 该输出轴两端中心孔是加工各段圆、轴肩的定位基准面,应先加工。

□ 车削外圆时,粗、精加工分阶段进行,并采用工序集中的原则,粗车和半精车之间安排调质处理,以消除内应力。

□ 两键槽和左端面螺孔应在磨削前完成加工,以防止损伤重要配合表面。

□ 该输出轴要求调质处理,并安排在粗车各外圆之后,半精车各外圆之前。

综合上述分析,传动轴的工艺路线如图 2-26 所示。

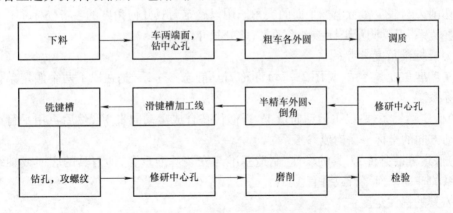

图 2-26　减速器传动轴的加工方案

## 步骤七　加工刀具的选择

 **相关知识**

切削刀具种类很多,如车刀、刨刀、铣刀等。它们几何形状各异,复杂程度不等,但它们切削部分的结构和几何角度都具有许多共同的特征,其中车刀是最常用、最简单和最基本的切削工具,因而最具有代表性。其他刀具都可以看做是车刀的演变或组合。

## 一、外圆车刀

外圆车刀的切削部分(又称刀头)由前刀面、主后刀面、副后刀面、主切削刃、副切削刃和刀尖所组成,如图2-27所示。

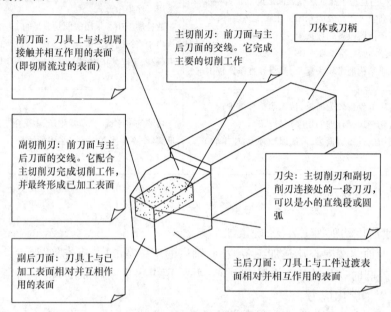

前刀面:刀具上与头切屑接触并相互作用的表面(即切屑流过的表面)

主切削刃:前刀面与主后刀面的交线。它完成主要的切削工作

刀体或刀柄

副切削刃:前刀面与主后刀面的交线。它配合主切削刃完成切削工作,并最终形成已加工表面

刀尖:主切削刃和副切削刃连接处的一段刀刃,可以是小的直线段或圆弧

副后刀面:刀具上与已加工表面相对并互相作用的表面

主后刀面:刀具上与工件过渡表面相对并相互作用的表面

图2-27　刀具的组成

刀具几何角度是确定刀具切削部分的几何形状与切削性能的重要参数,它是刀具前、后刀面和切削刃与假定参考坐标平面的夹角。用以确定刀具几何角度的参考坐标系有刀具标准角度参考系、刀具测量坐标参考系两类,此处只介绍前者。

1)刀具标准角度参考系

刀具标准角度参考系(见图2-28)亦称刀具静态参考系,是在以下两个假定条件下建立的坐标系。

(1)假定运动条件:以主运动向量 $V_c$ 近似代替合成运动向量 $V_e$,然后再用平行或垂直于主运动方向的坐标平面构成参考系。

(2)假定安装条件:刀具的设计、制造基准与安装基准重合,即刀具的底面或轴线与组成参考系的辅助平面平行或垂直。

2)刀具的标注角度

刀具的标注角度是制造和刃磨刀具所需要的,并在刀具设计图上予以标注的角度。刀具的标注角度主要有五个,如表2-14所示。

表2-14　刀具的标注角度

| 刀具标注角度 | 含　　义 |
| --- | --- |
| 前角 $\gamma_o$ | 在正交平面 $P_o$ 内,前刀面与基面之间的夹角。前角表示前刀面的倾斜程度,有正、负和零值之分,其符号规定如图2-29所示 |

| 刀具标注角度 | 含　义 |
|---|---|
| 后角 $\alpha_o$ | 在正交平面 $P_o$ 内,主后刀面与切削平面之间的夹角。后角表示主后刀面的倾斜程度,一般为正值 |
| 主偏角 $\kappa_r$ | 在基面内,测量的主切削刃在基面上的投影与进给运动方向的夹角。主偏角一般为正值 |
| 副偏角 $\kappa'_r$ | 在基面内,测量的副切削刃在基面上的投影与进给运动反方向的夹角。副偏角一般为正值 |
| 刃倾角 $\lambda_s$ | 在切削平面内,测量的主切削刃与基面之间的夹角。当主切削刃呈水平时,$\lambda_s=0$;刀尖为主切削刃上最低点时,$\lambda_s<0$;刀尖为主切削刃上最高点时,$\lambda_s>0$,如图 2-30 所示 |

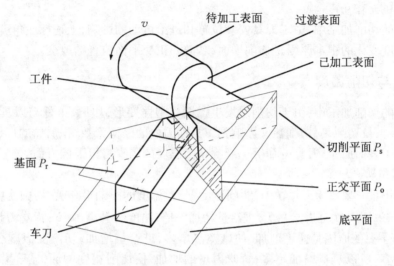

图 2-28　刀具标准角度参考系

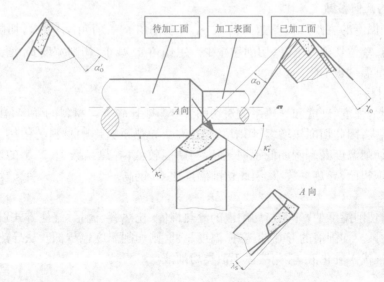

图 2-29　车刀的主要角度

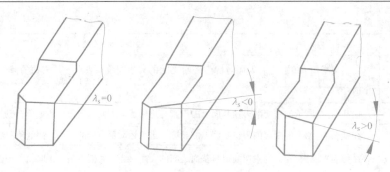

图 2 - 30　刃倾角的符号

3）刀具的工作角度

在实际的切削加工中,由于刀具安装位置和进给运动的影响,上述标注角度会发生一定的变化。角度变化的根本原因是切削平面、基面和正交平面位置的改变。

## 二、切削热与切削温度

在金属的切削加工中,由于切削层发生弹性与塑性变形,切屑、工件与刀具的摩擦等原因,将会产生大量切削热,切削热又影响到刀具前刀面的摩擦系数、积屑瘤的形成与消退、加工精度与加工表面质量、刀具寿命等。影响切削温度的因素有以下四方面。

### 1. 切削用量

在切削用量三要素 $V_c$、$a_p$、$f$ 中,切削速度 $V_c$ 对温度的影响最显著,切削速度增加一倍,温度约升高 32%;其次是进给量 $f$,进给量增加一倍,温度约升高 18%;背吃刀量 $a_p$ 影响最小,约 7%。主要的原因是速度增加,使摩擦热增多;进给量增加,切削变数减小,切屑带走的热量也增多,所以热量增加不多;背吃刀量的增加,使切削宽度增加,显著增进给量散热面积。

### 2. 刀具的几何参数

影响切削温度的主要几何参数为前角 $\gamma_o$ 与主偏角 $\kappa_r$。前角 $\gamma_o$ 增大,切削温度降低。因前角增大时,单位切削力下降,切削热减少。主偏角 $\kappa_r$ 减小,切削宽度 $b_D$ 增大,切削厚度减小,因此切削温度也下降。

### 3. 工件材料

工件材料的强度、硬度和导热系数对切削温度影响比较大。材料的强度与硬度增大时,单位切削力增大,因此切削热增多,切削温度升高。导热系数影响材料的传热,因此导热系数大,产生的切削温度高。例如低碳钢,强度与硬度较低,导热系数大,产生的切削温度低。不锈钢与 45 钢相比,导热系数小,因此切削温度比 45 钢高。

### 4. 切削液

切削液对切削温度的影响,与切削液的导热性能、比热容、流量、浇注方式以及本身的温度都有很大关系。切削液的导热性越好,温度越低,则切削温度也越低。从导热性能方面来看,水基切削液优于乳化液,乳化液优于油类切削液。

## 三、刀具材料

在金属切削加工中,刀具切削部分起主要作用,所以刀具材料一般指刀具切削部分的材料。刀具材料决定了刀具的切削性能,直接影响加工效率、刀具耐用度和加工成本,刀具材料的合理选择是切削加工工艺的一项重要内容。

**1. 普通刀具材料**

常用的刀具材料较多,其中工具钢(碳素工具钢、合金工具钢、高速钢)和硬质合金类普通刀具材料最为常用。

1)高速钢

高速钢是一种含钨、钼、铬、钒等合金元素较多的工具钢。高速钢具有良好的热稳定性,在 500 ~ 600 ℃的高温仍能切削,与碳素工具钢、合金工具钢相比,切削速度可提高 1 ~ 3 倍,刀具耐用度提高 10 ~ 40 倍。高速钢具有较高的强度和韧性,如抗弯强度是一般硬质合金的 2 ~ 3 倍,陶瓷的 5 ~ 6 倍,且具有一定的硬度(63 ~ 70 HRC)和耐磨性。刀具常用的高速钢如表 2 – 15 所示。

表 2 – 15　刀具常用的高速钢

| 类别 | 子类别 | 特点及典型钢种 |
| --- | --- | --- |
| 普通高速钢 | 钨系高速钢 | □ 优点:磨削性能和综合性能好,通用性强。常温硬度 63 ~ 66 HRC,600 ℃高温硬度 48.5 HRC 左右<br>□ 缺点:碳化物分布常不均匀,强度与韧性不够强,热塑性差,不宜制造成大截面刀具<br>□ 典型钢种:W18Cr4V(简称 W18) |
| | 钨钼钢 | □ 优点:减小了碳化物数量及分布的不均匀性,和 W18 相比,M2 抗弯强度提高 17%,抗冲击韧度提高 40% 以上,而且大截面刀具也具有同样的强度与韧性,它的性能也较好<br>□ 缺点:高温切削性能和 W18 相比稍差<br>□ 典型钢种:W6Mo5Cr4V2(简称 M2)、W9Mo5Cr4V2(简称 W9) |
| 高性能高速钢 | — | □ 优点:具有较强的耐热性,在 630 ~ 650 ℃高温下,仍可保持 60 HRC 的高硬度,而且刀具耐用度是普通高速钢的 1.5 ~ 3 倍。它适合加工奥氏体不锈钢、高温合金、钛合金、超高强度钢等难加工材料<br>□ 缺点:强度与韧性较普通高速钢低,高钒高速钢磨削加工性差<br>□ 典型钢种:高碳高速钢 9W6Mo5Cr4V2、高钒高速钢 W6Mo5Cr4V3、钴高速钢 W6Mo5Cr4V2Co5、超硬高速钢 W2Mo9Cr4VCo8、W6Mo5Cr4V2Al |
| 粉末冶金高速钢 | — | □ 优点:无碳化物偏析,提高钢的强度、韧性和硬度,硬度值达 69 ~ 70 HRC;保证材料各向同性,减小热处理内应力和变形;磨削加工性好,磨削效率比熔炼高速钢提高 2 ~ 3 倍;耐磨性好。此类钢适于制造切削难加工材料的刀具、大尺寸刀具(如滚刀和插齿刀),精密刀具和磨加工量大的复杂刀具<br>□ 缺点:价格昂贵,是普通高速钢的 2 ~ 5 倍<br>□ 典型钢种:ASP – 23 粉末冶金高速钢 |

2)硬质合金

硬质合金是由难熔金属碳化物(如 TiC、WC、NbC 等)和金属黏结剂(如 Co、Ni 等)经粉末冶金方法制成的。硬质合金中高熔点、高硬度碳化物含量高,因此硬质合金常温硬度很高,达到 78 ~ 82 HRC,热熔性好,热硬性可达 800 ~ 1 000 ℃以上,切削速度比高速钢提高 4 ~ 7 倍。其缺点是脆性大,抗弯强度和抗冲击韧性不强。抗弯强度只有高速钢的 1/35 ~ 1/4,冲击韧性只有高速钢的 1/4 ~ 1/35。常见的国产硬质合金如表 2 – 16 所示。

表 2 - 16 国产硬质合金

| 类 别 | 特 点 |
|---|---|
| 钨钴类<br>（WC + Co） | 合金代号为 YG，对应于国标 K 类。此合金钴含量越高，韧性越好，适于粗加工，钴含量低，适于精加工 |
| 钨钛钴类<br>（WC + TiC + Co） | 合金代号为 YT，对应于国标 P 类。此类合金有较高的硬度和耐热性，主要用于加工切屑或呈状的钢件等塑性材料。合金中 TiC 含量高，则耐磨性和耐热性提高，但强度降低。因此粗加工一般选择 TiC 含量少的牌号，精加工选择 TiC 含量多的牌号 |
| 钨钛钽（铌）钴类<br>（WC + TiC + TaC(Nb) + Co） | 合金代号为 YW，对应于国标 M 类。此类硬质合金不但适用于加工冷硬铸铁、有色金属及合金半精加工，也能用于高锰钢、淬火钢、合金钢及耐热合金钢的半精加工和精加工 |
| 碳化钛基类<br>（WC + TiC + Ni + Mo） | 合金代号为 YN，对应于国标 P01 类。一般用于精加工和半精加工，对于大长零件且加工精度较高的零件尤其适合，但不适于有冲击载荷的粗加工和低速切削 |

### 2. 特殊刀具材料

1）陶瓷刀具

陶瓷刀具的材料主要由硬度和熔点都很高的 $Al_2O_3$、$Si_3N_4$ 等氧化物、氮化物组成，另外还有少量的金属碳化物、氧化物等添加剂，通过粉末冶金工艺方法制粉，再压制烧结而成。常用的陶瓷刀具有两种：$Al_2O_3$ 基陶瓷和 $Si_3N_4$ 基陶瓷。

陶瓷刀具优点是有很高的硬度和耐磨性，硬度达 91 ~ 95 HRA，耐磨性是硬质合金的 5 倍；刀具寿命比硬质合金高；具有很好的热硬性，当切削温度为 760 ℃时，具有 87 HRA（相当于 66 HRC）硬度，温度达 1 200 ℃时，仍能保持 80 HRA 的硬度；摩擦系数低，切削力比硬质合金小，用该类刀具加工时能提高表面质量。其缺点是强度和韧性差，热导率低。陶瓷最大的缺点是脆性大，抗冲击性能很差。

此类刀具一般用于高速精细加工硬材料。

2）金刚石刀具

金刚石是碳的同素异构体，具有极高的硬度。现用的金刚石刀具有三类：天然金刚石刀具、人造聚晶金刚石刀具、复合聚晶金刚石刀具。其优点是具有极高的硬度和耐磨性，人造金刚石硬度达 10 000 HV，耐磨性是硬质合金的 60 ~ 80 倍；切削刃锋利，能实现超精密微量加工和镜面加工；有很高的导热性。但它的耐热性差，强度低，脆性大，对振动很敏感。

此类刀具主要用于高速条件下精细加工有色金属及其合金和非金属材料。

3）立方氮化硼刀具

立方氮化硼（简称 CBN）是由六方氮化硼为原料在高温高压下合成的。CBN 刀具的主要优点是硬度高，硬度仅次于金刚石，热稳定性好，有较高的导热性和较小的摩擦系数。缺点是强度和韧性较差，抗弯强度仅为陶瓷刀具的 1/5 ~ 1/2。

CBN 刀具适用于加工高硬度淬火钢、冷硬铸铁和高温合金材料。它不宜加工塑性大的钢件和镍基合金，也不适合加工铝合金和铜合金，通常采用负前角的高速切削。

## 四、刀具的选用

### 1. 刀具种类的选择

刀具种类主要根据被加工表面的形状、尺寸、精度、加工方法、所用机床及要求的生产率等进行选择。

**2. 刀具材料的选择**

刀具材料主要根据工件材料、刀具形状和类型及加工要求等进行选择。

**3. 刀具角度的选择**

刀具角度的选择主要包括刀具的前角、后角、副后角、主偏角、副偏角和刃倾角的选择。

1）前角的选择

前角的大小将影响切削过程中的切削变形和切削力，同时也影响工件表面结构和刀具的强度与寿命。

增大刀具前角，可以减小前刀面挤压被切削层的塑性变形，减小了切削力和表面结构参数。但刀具前角增大，会降低切削刃和刀头的强度，刀头散热条件变差，切削时刀头容易崩刃。因此合理前角的选择既要切削刃锐利，又要有一定的强度和一定的散热体积。

对不同材料的工件，在切削时用的前角不同，切削钢的合理前角比切削铸铁大，切削中硬钢的合理前角比切削软钢小。

对于不同的刀具材料，由于硬质合金的抗弯强度较低，抗冲击韧度差，所以合理前角也小于高速钢刀具的合理前角。

粗加工、断续切削或切削特硬材料时，为保证切削刃强度，应取较小的前角，甚至负前角。表 2-17 为硬质合金车刀合理前角的参考值，高速钢车刀的前角一般比表中大 5° ~ 10°。

表 2-17　硬质合金车刀合理前角参考值

| 工件材料种类 | 合理前角参考范围（°） | |
| --- | --- | --- |
| | 粗　车 | 精　车 |
| 低碳钢 | 20 ~ 25 | 25 ~ 30 |
| 中碳钢 | 10 ~ 15 | 15 ~ 20 |
| 合金钢 | 10 ~ 15 | 15 ~ 20 |
| 淬火钢 | -15 ~ -5 | |
| 不锈钢 | 15 ~ 20 | 20 ~ 25 |
| 灰铸铁 | 10 ~ 15 | 5 ~ 10 |
| 铜或铜合金 | 10 ~ 15 | 5 ~ 10 |
| 铝或铝合金 | 30 ~ 35 | 35 ~ 40 |
| 钛合金 | 5 ~ 10 | |

2）后角、副后角的选择

后角的大小将影响刀具后刀面与已加工表面之间的摩擦。

后角增大可减小后刀面与加工表面之间的摩擦，后角越大，切削刃越锋利，但是切削刃和刀头的强度削弱，散热体积减小。

粗加工、强力切削及承受冲击载荷的刀具，为增加刀具强度，后角应取小些；精加工时，增大后角可提高刀具寿命和加工表面的质量。

工件材料的硬度与强度高，取较小的后角，以保证刀头强度；工件材料的硬度与强度低，塑性大，易产生加工硬化，为了防止刀具后刀面磨损，后角应适当加大。加工脆性材料时，切削力集中在刃口附近，宜取较小的后角。若采用负前角时，应取较大的后角，以保证切削刃锋利。

尺寸刀具精度高,取较小的后角,以防止重磨后刀具尺寸的变化。

为了制造、刃磨的方便,一般刀具的副后角等于后角。但切断刀、车槽刀、锯片铣刀的副后角,受刀头强度的限制,只能取很小的数值,通常取 $1°30'$ 左右。

硬质合金车刀合理后角参考值如表 2 - 18 所示。

表 2 - 18　硬质合金车刀合理后角参考值

| 工件材料种类 | 合理后角参考范围(°) | |
| --- | --- | --- |
| | 粗　　车 | 精　　车 |
| 低碳钢 | 8 ~ 10 | 10 ~ 12 |
| 中碳钢 | 5 ~ 7 | 6 ~ 8 |
| 合金钢 | 5 ~ 7 | 6 ~ 8 |
| 淬火钢 | 8 ~ 10 | |
| 不锈钢 | 6 ~ 8 | 8 ~ 10 |
| 灰铸铁 | 4 ~ 6 | 6 ~ 8 |
| 铜或铜合金 | 6 ~ 8 | 6 ~ 8 |
| 铝或铝合金 | 8 ~ 10 | 10 ~ 12 |
| 钛合金 | 10 ~ 15 | |

3)主偏角、副偏角的选择

主偏角和副偏角越小,刀头的强度越高,散热面积越大,刀具寿命越长。此外,主偏角和副偏角小时,工件加工后的表面结构参数小;但是,主偏角和副偏角减小时,会加大切削过程中的背向力,容易引起工艺系统的弹性变形和振动。

a. 主偏角的选择原则与参考值

工艺系统的刚度较好时,主偏角可取小值,如,$\kappa_r = 30° ~ 45°$,在加工高强度、高硬度的工件材料时,可取 $\kappa_r = 10° ~ 30°$,以增加刀头的强度。当工艺系统的刚度较差或强力切削时,一般取 $\kappa_r = 60° ~ 75°$。车削细长轴时,为减小背向力,取 $\kappa_r = 90° ~ 93°$。在选择主偏角时,还要视工件形状及加工条件而定,如车削阶梯轴时,可取 $\kappa_r = 90°$,用一把车刀车削外圆、端面和倒角时,可取 $\kappa_r = 45° ~ 60°$。

b. 副偏角的选择原则与参考值

主要根据工件已加工表面的结构参数要求和刀具强度来选择,在不引起振动的情况下,尽量取小值。精加工时,取 $\kappa'_r = 5° ~ 10°$;粗加工时,取 $\kappa'_r = 10° ~ 15°$。当工艺系统刚度较差或从工件中间切入时,可取 $\kappa'_r = 30° ~ 45°$。在精车时,可在副切削刃上磨出一段 $\kappa'_r = 0°$、长度为 $(1.2 ~ 1.5)f$ 的修光刃,以减小已加工表面结构参数值。

切断刀、锯片铣刀和槽铣刀等,为了保持刀具强度和重磨后宽度变化较小,副偏角宜取 $1°30'$。

4)刃倾角的选择

刃倾角的正负影响切屑的排出方向,见图 2 - 31。精车和半精车时刃倾角宜选用正值,使切屑流向待加工表面,防止划伤已加工表面。加工钢和铸铁,粗车时取负刃倾角 $-5° ~ 0°$;车削淬硬钢时,取 $-15° ~ -5°$,使刀头强固,切削时刀尖可避免受到冲击,散热条件好,提高了刀具寿命。

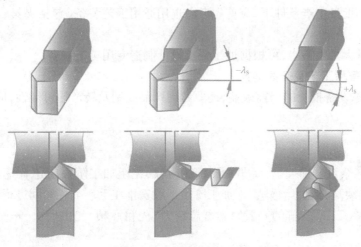

图 2 – 31　刃倾角的正负对切屑的排出方向的影响

增大刃倾角的绝对值,使切削刃变得锋利,可以切下很薄的金属层。如微量精车、精刨时,刃倾角可取 45° ~ 75°。大刃倾角刀具,使切削刃加长,切削平稳,排屑顺利,生产效率高,加工表面质量好,但工艺系统刚性差,切削时不宜选用负刃倾角。

　实践

选择减速器传动轴加工方法,确定价格方案。

该输出轴为小批生产,为降低设备成本,同时减少换刀时间,提高生产率,选择如下刀具。

□ 粗车和半精车时,选择硬质合金材料的 90°偏刀,45°弯头车刀,其前角选 15°,后角选 7°,主偏角选 30°,负偏角选 10°,刃倾角选 – 5°。

□ 铣键槽时,选择硬质合金材料的 φ12 的立铣刀。

□ 打中心孔时,选用 B4/10 中心钻。

□ 攻丝时,选用 φ6 钻刀和 M8 丝锥。

## 步骤八　加工设备的选择及工件的装夹

　相关知识

### 一、机床设备和工艺装备的选择注意事项

**1. 机床设备和工艺装备的选择**

(1)所选机床设备的尺寸规格应与工件的形体尺寸相适应。

(2)精度等级应与本工序加工要求相适应。

(3)电机功率应与本工序加工所需功率相适应。

(4)机床设备的自动化程度和生产效率应与工件生产类型相适应。

**2. 工艺装备选择**

工艺装备的选择将直接影响工件的加工精度、生产效率和制造成本,应根据不同情况适

当选择。

（1）在中小批量生产条件下，应首先考虑选用通用工艺装备（包括夹具、刀具、量具和辅具）。

（2）在大批大量生产中，可根据加工要求设计制造专用工艺装备。

**3. 机床设备和工艺装备的选择**

不仅要考虑设备投资的当前效益，还要考虑产品改型及转产的可能性，应使其具有足够的柔性。

> **注：**
>
> □ 当毛坯余量特别大、表面非常粗糙的时候，在粗加工阶段前还有荒加工阶段。为及时发现毛坯缺陷，减少运输量，荒加工阶段一般安排在毛坯准备车间进行。
>
> □ 切削加工工序安排的一般原则可总结为"先粗后精、先主后次、先面后孔、基准先行"。

## 二、六点定位规则

任何未定位的工件在空间直角坐标系中都具有 6 个自由度：沿三坐标轴的移动自由度

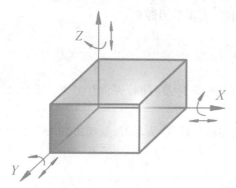

和绕三坐标轴的转动自由度。工件定位的任务就是根据加工要求限制工件的全部或部分自由度，分别用 $\vec{X}$、$\vec{Y}$、$\vec{Z}$ 和 $\hat{X}$、$\hat{Y}$、$\hat{Z}$ 表示，如图 2-32 所示。**六点定位规则**是指用 6 个支撑面来分别限制工件的 6 个自由度，从而使工件在空间得到确定定位的方法。6 个支撑点的分布方式与工件形状有关，如图 2-33 所示。

**案例：**如图 2-33（a）所示，工件底面 A 由 3 个不处于同一直线的支撑点支撑，限制了 $\vec{Z}$、$\hat{X}$、$\hat{Y}$ 3 个自由度，起主要支撑作用，称为第一定位

图 2-32　工件的 6 个自由度

基准；侧面 B 靠在 2 个支撑点上，两支撑点沿与 A 面平行方向布置，限制了工件的 $\vec{X}$、$\hat{Z}$ 2 个

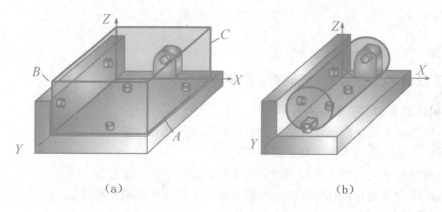

|（a）|（b）|

图 2-33　工件的六点点位

（a）六面体类工件；（b）轴类工件

自由度,称为第二定位基准;端面 $C$ 由 1 个支撑点支撑,限制了 $\vec{Y}$ 1 个自由度,称为第三定位基准。可见,工件的 6 个自由度都被限制了,工件在夹具中的位置得到了完全确定。

**案例:** 如图 2-33(b) 所示,底面为第一基准,由 2 个支撑点限制了 $\vec{Z}$、$\hat{X}$ 2 个自由度;侧面为第二基准,用 2 个支撑点限制了 $\vec{X}$、$\hat{Z}$ 2 个自由度;端面为第三基准,用 1 个支撑点限制了 $\vec{Y}$ 1 个自由度;另一端面为第四基准,用槽孔的 1 个支撑点限制了 $\hat{Y}$ 1 个自由度。

**研讨:** 盘类零件的支撑点如何分布? 如何用最少的支撑点限制该类工件的 6 个自由度?

> **注:**
>
> 　　理论上的支撑点在实际夹具中都是具体的定位元件,但有时理论上的多个支撑点可能只是一个具体的定位元件,例如图 2-33(a) 中的底面 3 个支撑点可能只是一个平面支撑元件。

### 三、限制工件自由度与加工要求的关系

工件在夹具中的定位并非所有情况都必须完全定位,所需要限制的自由度取决于本工序的加工要求。对空间直角坐标系来说,工件在某个方面有加工要求,则在那个方面的自由度就应该加以限制。

**案例:** 如图 2-34 所示,铣一通槽,保证尺寸 $A$、$B$ 以及槽对底面与侧面的平行度要求。为了保证尺寸 $A$,应限制 $\vec{Z}$、$\hat{X}$、$\hat{Y}$ 3 个自由度;为保证尺寸 $B$,应限制 $\vec{X}$、$\hat{Z}$ 2 个自由度;为了保证槽对底面的平行度要求,应限制 $\hat{X}$、$\hat{Y}$ 2 个自由度;为保证槽对侧面的平行度要求,应限制 $\vec{Z}$、$\hat{Y}$ 2 个自由度。

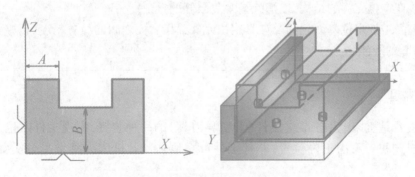

图 2-34　限制工件的 5 个自由度

综上可见,加工该零件的通槽时,应限制 $\vec{X}$、$\vec{Z}$、$\hat{X}$、$\hat{Y}$、$\hat{Z}$ 5 个自由度。由于加工通槽对槽的长度没有要求,即在 $Y$ 轴方向的移动没有要求,所以 $\vec{Y}$ 可以不限制。

**案例:** 如图 2-35 所示,车床上加工轴的通孔,保证尺寸 $D$ 及其公差。根据加工要求,可以对 $\vec{X}$、$\hat{X}$ 2 个自由度不加限制,可利用三爪卡盘限制工件的其他 4 个自由度。

### 四、正确处理欠定位和过定位

工件的 6 个自由度完全被限制的定位称为完全定位。按加工要求,允许有一个或几个

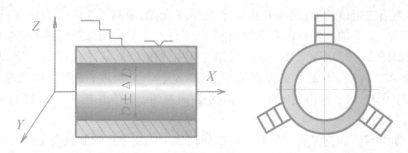

图 2 − 35　限制工件的 4 个自由度

自由度不被限制的定位称为不完全定位,如上述车床加工轴的通孔案例,仅限制了 4 个自由度。

　　按工序的加工要求,工件应该限制的自由度而未予限制的定位,称为欠定位。欠定位不能保证工件在夹具中占据正确位置,无法保证工件所规定的加工要求,因此,在确定工件定位方案时,欠定位是绝对不允许的。

　　工件的同一自由度被 2 个或 2 个以上的支撑点重复限制的定位,称为过定位。在通常情况下,应尽量避免出现过定位。因为过定位将会造成工件位置的不确定、工件安装干涉或工件在夹紧过程中出现变形,从而影响加工精度。

　　**案例:**如图 2 − 33(a)所示,若底面采用 4 个支撑点定位,4 个支撑点只限制了 $\vec{Z}$、$\hat{X}$、$\hat{Y}$ 3 个自由度,所以是过定位。如果工件表面粗糙,或者 4 个支撑点高度不一致,实际上就只可能有不确定的 3 个支撑点保持接触,致使同一批工件的位置不一致,增大加工误差。

> **注:**
> 　　消除过定位及其干涉一般有两个途径。
> 　　□ 改变定位元件的结构,以消除被重复限制的自由度。
> 　　□ 提高工件定位基面之间及夹具定位元件工作表面之间的位置精度,以减少或消除过定位引起的干涉。

## 五、机床夹具

　　机床夹具是机床上用于装夹工件(和引导刀具)的一种装置,实现工件定位,使工件获得相对于机床和刀具的正确位置,并把工件可靠地夹紧。机床夹具常见分类如表 2 − 19 所示。

表 2 − 19　机床夹具常见分类

| 分 类 标 准 | 分　　类 |
|---|---|
| 按使用范围分 | 通用夹具、专用夹具、组合夹具、通用可调夹具和成组夹具等 |
| 按所使用的机床分 | 车床夹具、铣床夹具、钻床夹具(钻模)、镗床夹具(镗模)、磨床夹具和齿轮机床夹具等 |
| 按产生夹紧力的动力源分 | 手动夹具、气动夹具、液压夹具、电动夹具、电磁夹具和真空夹具等 |

### 1. 机床夹具的组成

机床夹具一般由定位元件,夹紧装置,对刀、引导元件或装置,连接元件,夹具体和其他元件及装置等组成,如图 2 – 36 和图 2 – 37 所示。

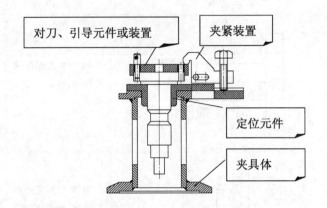

图 2 – 36  通用可调钻模

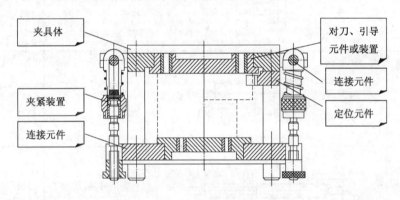

图 2 – 37  壳体钻孔成组夹具

注:
　□ 夹紧力确保工件紧靠各支撑点(面),其大小应合适。过大的夹紧力使夹具变形增大,安装误差变大,影响加工质量。
　□ 夹具结构应保证工件正确定位,且装夹方便,其相关知识请参考相关文献或教材。

### 2. 外圆车削工件的装夹方法

外圆车削加工时,最常见的工件装夹方法见表 2 – 20。

表 2 – 20  最常见的车削装夹方法

| 名　称 | 装 夹 简 图 | 装夹特点 | 应　用 |
|---|---|---|---|
| 三爪卡盘 | | 三个卡爪可同时移动,自动定心,装夹迅速方便 | 长径比小于4,截面为圆形,六方体的中、小型工件加工 |

续表

| 名　称 | 装夹简图 | 装夹特点 | 应　用 |
|---|---|---|---|
| 四爪卡盘 | 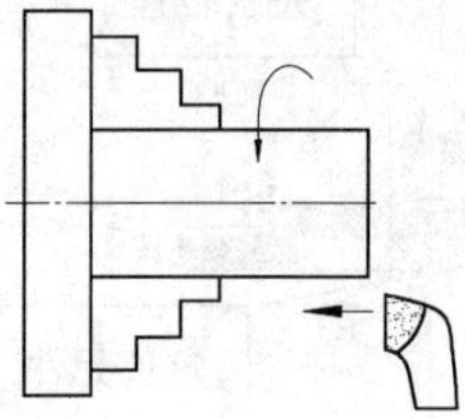 | 四个卡爪都可单独移动,装夹工件需要找正 | 长径比小于 4,截面为方形、椭圆形的较大、较重的工件 |
| 花盘 | 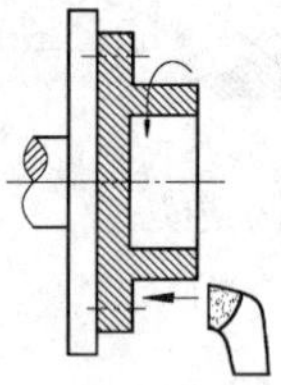 | 盘面上多通槽和T形槽,使用螺钉、压板装夹,装夹前需找正 | 形状不规则的工件、孔或外圆与定位基面垂直的工件的加工 |
| 双顶尖 | 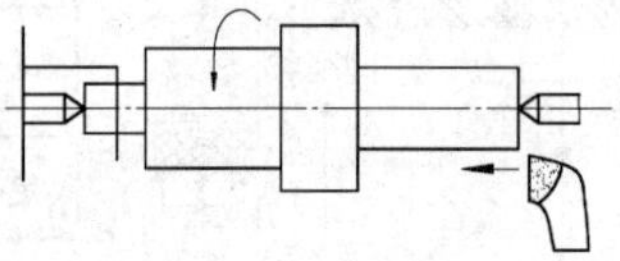 | 定心正确,装夹稳定 | 长径比为 4~15 的实心轴类零件加工 |
| 双顶尖中心架 | 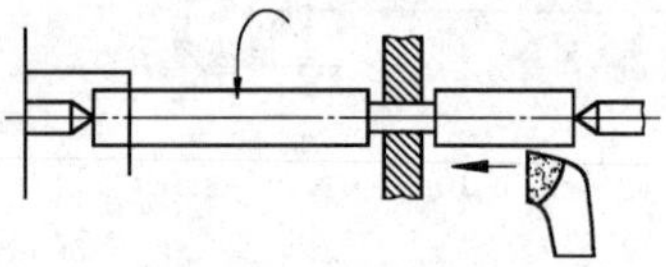 | 支爪可调,增加工件刚性 | 长径比大于 15 的细长轴工件粗加工 |
| 一夹一顶跟刀架 | 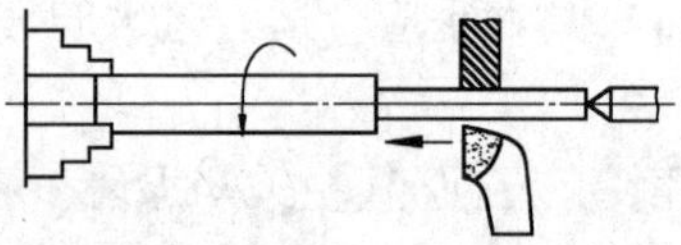 | 支爪随刀具一起运动,无接刀痕 | 长径比大于 15 的细长轴工件半精加工、精加工 |
| 心轴 | 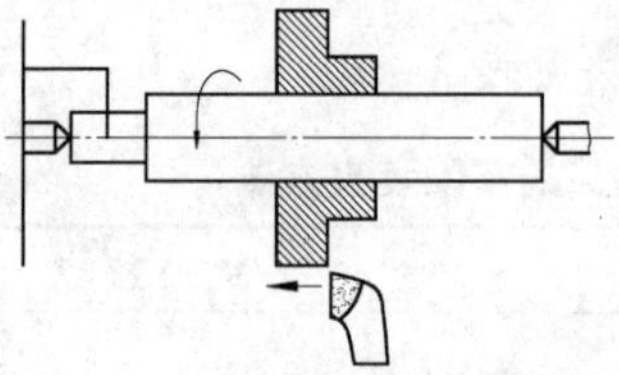 | 能保证外圆、端面对内孔的位置精度 | 以孔为定位基准的套类零件的加工 |

 实践

选择减速器传动轴加工方法,确定价格方案。

根据企业设备及零件结构及技术要求等方面,综合考虑车削外圆时选用普通车床

C616,打中心孔、攻丝等时选用钻床 Z4012,精磨外圆时选用 MW 等机床。

车削外圆时,选用三爪卡盘、顶尖等,粗车采用"三爪卡盘 + 顶尖"的装夹方式,半精车时采用"双顶尖"的装夹方式。

## 步骤九　加工余量和工序尺寸的确定

 相关知识

### 一、加工余量及其影响因素

**1. 加工余量的基本概念**

加工余量是指加工过程中所切去的金属层厚度。余量有总加工余量和工序余量之分。由毛坯转变为零件的过程中,在某加工表面上切除金属层的总厚度,称为该表面的总加工余量(亦称毛坯余量);一般情况下,总加工余量并非一次切除,而是在各工序中逐渐切除,所以每道工序所切除的金属层厚度称为该工序的加工余量(简称工序余量)。工序余量是相邻两工序的工序尺寸之差,毛坯余量是毛坯尺寸与零件图样的设计尺寸之差。

由于各工序尺寸都存在误差,工序余量是个变动值。但工序余量的基本尺寸(简称基本余量或公称余量)$Z$ 可按下式计算(见图 2-38)。

对于被包容面:　　　$Z =$ 上工序基本尺寸 – 本工序基本尺寸

对于包容面:　　　　$Z =$ 本工序基本尺寸 – 上工序基本尺寸

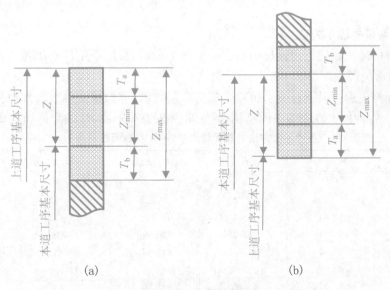

图 2-38　工序余量与工序尺寸及其公差的关系
(a)被包容面;(b)包容面(孔)

为了便于加工,工序尺寸都按"入体原则"标注极限偏差,即被包容面的工序尺寸取上偏差为零,包容面的工序尺寸取下偏差为零,毛坯尺寸则按双向布置上、下偏差。

工序余量和工序尺寸及其公差的计算公式:

$$Z = Z_{\min} + T_a$$
$$Z_{\max} = Z + T_b = Z_{\min} + T_a + T_b$$

式中　$Z_{\min}$——最小工序余量；

　　　$Z_{\max}$——最大工序余量；

　　　$T_a$——上工序尺寸的公差；

　　　$T_b$——本工序尺寸的公差。

**2. 影响加工余量的因素**

加工余量的大小,应保证本工序切除的金属层去掉上工序加工造成的缺陷和误差,获得一个新的加工表面。影响加工余量的因素有如下四项。

(1)前工序的表面质量,包括表面结构参数 $Ra$ 和表面缺陷层 $H_a$。表面缺陷层指毛坯制造中的冷硬层、气孔夹渣层、氧化层、脱碳层、切削中的表面残余应力层、表面裂纹、组织过度塑性变形层及其他破坏层,加工中必须予以去除才能保证表面质量不断提高。

(2)前工序的尺寸公差 $\delta_a$。前工序的尺寸公差已经包括在本工序的公称余量之内,有些形位误差也包括在前工序的尺寸公差之内,均应在本工序中切除。

(3)前工序加工表面的形位误差 $\rho_a$,包括轴线直线度、位置度、同轴度等。

(4)本工序的安装误差 $\varepsilon_b$,包括定位误差、夹紧误差和夹具误差等。

因此,加工余量可采用以下公式估算。

用于双边余量时:

$$Z \geqslant 2(Ra + E_a) + \delta_a + 2\mid \rho_a + \varepsilon_b \mid$$

用于单边余量时:

$$Z \geqslant H_a + T_a + \delta_a + \mid \rho_a + \varepsilon_b \mid$$

**3. 加工余量的确定方法**

(1)经验估计法。凭工艺人员的经验确定加工余量,常用于单件小批量生产,加工余量一般偏大,以避免产生废品。

(2)查表修正法。根据有关手册查出加工余量数值,可根据实际情况加以修正,此方法应用较广泛。各种加工方法的表面结构参数 $Ra$ 和表面缺陷层 $H_a$ 的数值如表 2－21 所示。

表 2－21　各种加工方法的表面结构参数 $Ra$ 和表面缺陷层 $H_a$ 的数值　　　　μm

| 加工方法 | $Ra$ | $H_a$ | 加工方法 | $Ra$ | $H_a$ |
|---|---|---|---|---|---|
| 粗车内外圆 | 15～100 | 40～60 | 磨端面 | 1.7～15 | 15～35 |
| 精车内外圆 | 5～40 | 30～40 | 磨平面 | 1.5～15 | 20～30 |
| 粗车端面 | 15～225 | 40～60 | 粗 刨 | 15～100 | 40～50 |
| 精车端面 | 5～54 | 30～40 | 精 刨 | 5～45 | 25～40 |
| 钻 | 45～225 | 40～60 | 粗 插 | 25～100 | 50～60 |
| 粗扩孔 | 25～225 | 40～60 | 精 插 | 5～45 | 35～50 |
| 精扩孔 | 25～100 | 30～40 | 粗 铣 | 15～225 | 40～60 |
| 粗 铰 | 25～100 | 25～30 | 精 铣 | 5～45 | 25～40 |
| 精 铰 | 8.5～25 | 10～20 | 拉 | 1.7～35 | 10～20 |
| 粗 镗 | 25～225 | 30～50 | 切 断 | 45～225 | 60 |
| 精 镗 | 5～25 | 25～40 | 研 磨 | 0～1.6 | 3～5 |
| 磨外圆 | 1.7～15 | 15～25 | 超级加工 | 0～0.8 | 0.2～0.3 |
| 磨内圆 | 1.7～15 | 20～30 | 抛 光 | 0.06～1.6 | 2～5 |

（3）分析计算法。考虑各种影响因素后，利用前面所述理论公式进行计算。但由于经常缺少具体数据，该方法应用较少。

**4. 加工余量大小对零件加工的影响**

加工余量的大小对零件的加工质量和生产率均有较大的影响。加工余量过大，不仅增加机械加工的劳动量，降低生产率，而且增加材料、工具和电力的消耗，提高加工成本；加工余量过小，则不能保证消除前工序的各种误差和表面缺陷，甚至产生废品。

## 二、尺寸链及其计算

**1. 尺寸链的概念**

在机器设计及制造过程中，常涉及一些互相联系、互相依赖的若干尺寸的组合。通常把互相联系且按一定顺序排列的封闭尺寸组合称为尺寸链。尺寸链中的每个尺寸称为尺寸链的环，如图2-39所示。

在装配过程中或加工过程最后形成的一环称封闭环。图2-39中，$A_0$是封闭环。封闭环一般以下标"0"表示。

尺寸链中，对封闭环有影响的全部环，叫做组成环，用$A_1$，$A_2$，$\cdots$，$A_n$表示。组成环又分为增环和减环。若该组成环的变动引起封闭环同向变动，叫做增环。同向变动指该环增大时封闭环也增大，该环减小时封闭环也减小。若该组成环的变动引起封闭环反向变动，叫做减环。图2-39中，$A_1$是增环，$A_2$是减环。

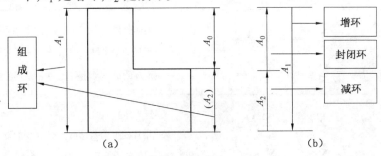

图2-39 尺寸链
(a)零件图；(b)尺寸链图

将尺寸链中各相应的环按大致比例，用首尾相接的单箭头线顺序画出的尺寸图，称为尺寸链图，如图2-39(b)所示。

**2. 尺寸链的特性**

尺寸链的特性如表2-22所示。

表2-22 尺寸链特性

| 特 性 | 含 义 |
|---|---|
| 封闭性 | 尺寸链是由一个封闭环和若干相互连接的组成环所构成的封闭图形 |
| 关联性 | 尺寸链中的各环相互关联 |
| 传递系数$\xi$ | 各组成环对封闭环影响大小的系数<br>封闭环与组成环的关系为：$A_0 = \xi_1 A_1 + \xi_2 A_2 + \cdots + \xi_n A_n$<br>其中：若组成环与封闭环平行，对于增环，$\xi = +1$，对于减环，$\xi = -1$；<br>若组成环与封闭环不平行，$-1 < \xi < +1$ |

### 3. 尺寸链的建立

1）封闭环的确定

封闭环一般为无法直接加工或直接测量的设计尺寸。工艺尺寸链中封闭环的确定与零件加工的具体方案有关，同一个零件，加工方案不同，确定的封闭环就会不同。

2）组成环的查找

从构成封闭环的两表面同时开始，同步地按照工艺过程的顺序，分别向前查找该表面最近一次加工的加工尺寸，之后再进一步向前查找此加工尺寸的工序基准的最近一次加工时的加工尺寸，如此继续向前查找，直至两条路线最后得到的加工尺寸的工序基准重合（为同一个表面），这样上述有关尺寸即形成封闭链环，从而构成工艺尺寸链。注意，要使组成环数达到最少。

### 4. 尺寸链的计算

尺寸链的计算是指计算封闭环与组成环的基本尺寸、公差及极限偏差之间的关系，其方法有极值法和概率法两种。表 2 - 23 是极值法计算公式。

表 2 - 23　尺寸链公式

| 名　称 | 公　式 | 含　义 |
|---|---|---|
| 封闭环的基本尺寸 | $A_0 = \sum\limits_{i=1}^{m} \vec{A}_i - \sum\limits_{j=m+1}^{n-1} \overleftarrow{A}_j$ | $A_0$——封闭环基本尺寸；$\vec{A}_i$——增环的基本尺寸；<br>$\overleftarrow{A}_j$——减环的基本尺寸 |
| 封闭环的极限尺寸 | $A_{0max} = \sum\limits_{i=1}^{m} \vec{A}_{imax} - \sum\limits_{j=m-1}^{n-1} \overleftarrow{A}_{jmin}$<br><br>$A_{0min} = \sum\limits_{i=1}^{m} \vec{A}_{imin} - \sum\limits_{j=m-1}^{n-1} \overleftarrow{A}_{jmax}$ | $A_{0max}$——封闭环的最大尺寸；$A_{0min}$——封闭环的最小尺寸；<br>$\vec{A}_{imax}$——增环的最大尺寸；$\overleftarrow{A}_{jmin}$——减环的最小尺寸；<br>$\vec{A}_{imin}$——增环的最小尺寸；$\overleftarrow{A}_{jmax}$——减环的最大尺寸 |
| 封闭环的极限偏差 | $ES_{A0} = \sum\limits_{i=1}^{m} ES_{\vec{A}_i} - \sum\limits_{j=m+1}^{n-1} EI_{\overleftarrow{A}_j}$<br><br>$EI_{A0} = \sum\limits_{i=1}^{m} EI_{\vec{A}_i} - \sum\limits_{j=m+1}^{n-1} ES_{\overleftarrow{A}_j}$ | $ES_{A0}$——封闭环的上偏差；$EI_{A0}$——封闭环的下偏差；<br>$ES_{\vec{A}_i}$——增环的上偏差；$EI_{\overleftarrow{A}_j}$——减环的下偏差；<br>$EI_{\vec{A}_i}$——增环的下偏差；$ES_{\overleftarrow{A}_j}$——减环的上偏差 |
| 封闭环的公差 | $T_{A0} - ES_{A0} - EI_{A0} = \sum\limits_{i=1}^{n-1} T_i$ | $T_{A0}$——封闭环的公差 |

**案例**：某主轴箱箱体的主轴孔，设计要求为 φ100Js6，$Ra = 0.8\ \mu m$，加工工序为粗镗→半精镗→精镗→浮动镗等 4 道工序。试确定各工序尺寸及其公差。

**解**：根据相关手册及工厂实际经验确定各工序的基本余量，具体见表 2 - 24 第 2 列；再根据各种加工方法的经济精度确定工序尺寸的公差，见表 2 - 24 第 3 列；最后由后工序向前工序逐个计算工序尺寸，并计算各工序的工序尺寸及其公差和 $Ra$，见表 2 - 24 第 4、5 列。

表 2 - 24　计算结果

| 工序内容 | 工序的基本余量 | 工序的经济精度 | 工序尺寸 | 工序尺寸及其公差和 $Ra$ |
|---|---|---|---|---|
| 浮动镗 | 0.1 | Js6（±0.011） | 100 | φ100 ±0.011　$Ra = 0.8\ \mu m$ |
| 精镗 | 0.5 | H7（$^{+0.035}_{0}$） | 100 - 0.1 = 99.9 | φ99.9 $^{+0.035}_{0}$　$Ra = 0.8\ \mu m$ |

| 工序内容 | 工序的基本余量 | 工序的经济精度 | 工序尺寸 | 工序尺寸及其公差和 Ra |
|---|---|---|---|---|
| 半精镗 | 2.4 | H10 ($^{+0.14}_{0}$) | 99.9 - 0.5 = 99.4 | $\phi 99.4^{+0.14}_{0}$ $Ra = 0.8\ \mu m$ |
| 粗镗 | 5 | H13 ($^{+0.44}_{0}$) | 99.4 - 2.4 = 97.0 | $\phi 97^{+0.44}_{0}$ $Ra = 0.8\ \mu m$ |
| 毛坯孔 | 8 | (±1.3) | 97.0 - 5 = 92.0 | $\phi 92 \pm 1.3$ |

**案例：**图2-40(a)所示为套筒类零件，本工序为在车床上车削内孔及槽，设计尺寸 $A_0 = 11^{\ 0}_{-0.2}$ mm，在加工中尺寸 $A_0$ 不好直接测量，所以采用深度尺测量尺寸 $x$ 来间接检验 $A_0$ 是否合格，已知尺寸 $A_1 = 50^{-0.1}_{-0.2}$ mm，计算 $x$ 的值。

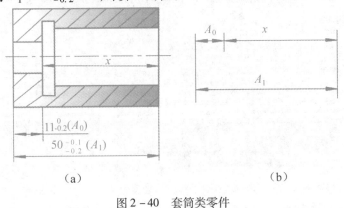

图 2-40　套筒类零件
(a)零件图；(b)尺寸链图

**解：**由题意可判断出 $A_0$ 是封闭环，$x$ 和 $A_1$ 为组成环，其中 $A_1$ 为增环，$x$ 为减环。画尺寸链图，如图2-40(b)所示。

按尺寸链的计算公式进行计算。可列 $A_0$ 的基本尺寸公式

$$11 = 50 - x$$

得

$$x = 39\ \text{mm}$$

计算上、下偏差 $Bs(x)$ 和 $Bx(x)$。

$$0 = -0.1 - Bx(x)$$

得

$$Bx(x) = -0.1\ \text{mm}$$

$$-0.2 = -0.2 - Bs(x)$$

得

$$Bs(x) = 0\ \text{mm}$$

因此，$x = 39$ mm。

**解析：**

①由该案例可看出，直接测量的尺寸比零件图规定的尺寸精度高了许多（公差值由0.2减小到0.1）。因此，当封闭环（设计尺寸）精度要求较高而组成环精度又不太高时，有可能会出现部分组成环公差之和等于或大于封闭环公差，此时计算结果可能会出现零公差或负公差，显然这是不合理的。解决这种不合理情况的措施，一是适当压缩某一个或某些组成环的公差，但要在经济可行范围内；二是采用专用量具直接测量设计尺寸。

②"假废品"问题。如在该案例中，如果某一零件的实际尺寸 $x = 38.85$ mm，按照计算

的测量尺寸 $x = 39_{-0.1}^{\ 0}$ mm 来看,此件超差,但此时如果 $A_1$ 恰好等于 49.8 mm,则封闭环 $A_0$ = 49.8 − 38.85 = 10.95 mm,仍然符合 $11_{-0.2}^{\ 0}$ mm 的设计要求,是合格品。这就是所谓"假废品"问题。判断真假废品的基本方法是:当测量尺寸超差时,如果超差量小于或等于其他组成环公差之和时,有可能是假废品,此时应对其他组成环的尺寸进行复检,以判断是否是真废品;如果测量尺寸的超差量大于其他组成环公差之和时,肯定是废品,则没有必要复检。

　　③对于不便直接测量的尺寸,有时可能有几种可以方便间接测量该设计尺寸的方案,这时应选择使测量尺寸获得最大公差的方案(一般是尺寸链环数最少的方案)。

　　**案例**:如图 2 - 41(a)所示的零件,$B$、$C$、$D$ 面均已加工完毕。本道工序是在成批生产时(调整法加工),用端面 $B$ 定位加工表面 $A$(铣缺口),以保证尺寸 $10_{\ 0}^{+0.2}$ mm,试标注铣此缺口时的工序尺寸及公差。

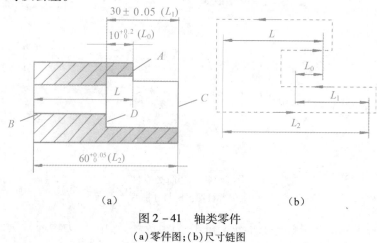

图 2 - 41　轴类零件

(a)零件图;(b)尺寸链图

　　**解**:用调整法加工上述零件时,刀具水平方向(即设计尺寸 $10_{\ 0}^{+0.2}$ 方向)的位置应按图 2 - 41 中所示尺寸 $L$ 来调整,即工序尺寸为 $L$,并标注在工序图上(而不标注设计尺寸 $10_{\ 0}^{+0.2}$)。所以判断出 $L_0$($10_{\ 0}^{+0.2}$)是封闭环,组成环为 $L$、$L_1$、$L_2$,且 $L$、$L_1$ 为增环,$L_2$ 为减环。画出尺寸链图,如图 2 - 41(b)所示。

　　可得封闭环的基本尺寸公式为

$$10 = L + 30 - 60$$

得

$$L = 40 \text{ mm}$$

　　计算上、下偏差 $Bs(L)$ 和 $Bx(L)$

$$0.2 = Bs(L) + 0.05 - 0$$

得

$$Bs(L) = 0.15 \text{ mm}$$

$$0 = Bx(L) + (-0.05) - 0.05$$

得

$$Bx(L) = 0.10 \text{ mm}$$

　　所以,$L = 40_{-0.10}^{+0.15}$ mm。

 　实践

选择减速器传动轴加工方法,确定加工方案。

**1. 毛坯尺寸的确定**

根据前面的工艺设计,材料选用 45 钢圆棒料,且零件最大直径为 $\phi 60$,端部最小直径为

$\phi45$,两者相差不大,那么零件基本尺寸按照 $\phi60$ 计算,长度与基本尺寸之比为255/60 = 4.25,根据《机械加工工艺手册》查表选取毛坯直径为 $\phi65$。

该输出轴端面在下料后需加工,零件长度为 255 mm,查表选取端面加工余量为 3 mm。

综上,毛坯为长 258 mm, $\phi65$ 的棒料。

**2. 加工余量的确定**

$\phi55$ 外圆的半精磨加工余量查表取 0.5 mm。

所有阶梯外圆的半精车加工余量查表取 1.5 mm。

**3. 工序尺寸的确定**

按入体原则确定各工艺尺寸,具体见表 2 – 25。

表 2 – 25　传动轴机械加工过程内容

| 工序号 | 工序名称 | 工序内容 | 加工简图 | 设 备 |
|---|---|---|---|---|
| 1 | 下料 | $\phi65 \times 258$ mm | | 锯床 |
| 2 | 车 | (1)车端面<br>(2)钻中心孔<br>(3)粗车 $\phi64$ 外圆,长度100<br>(4)粗车 $\phi57$ 外圆,长度19 | 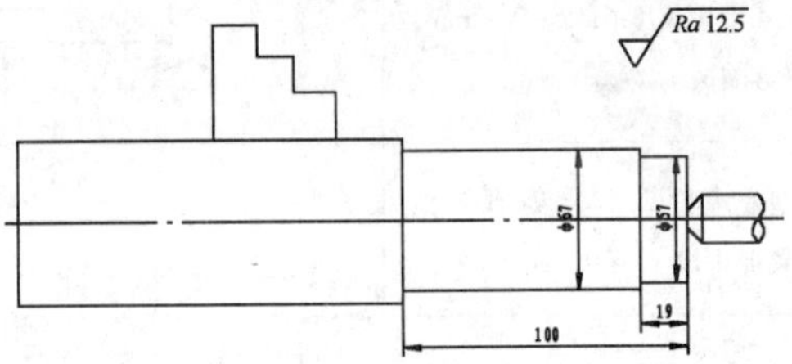 | 普通卧式车床 |
| | | (1)车端面<br>(2)总长度255 mm<br>(3)钻中心孔 | 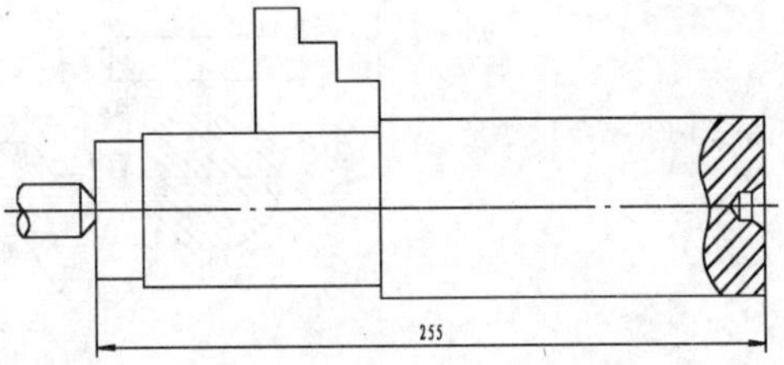 | |
| | | (1)粗车 $\phi60$ 外圆,长度220 mm<br>(2)粗车 $\phi57$ 外圆,长度163 mm<br>(3)粗车 $\phi54$ 外圆,长度127 mm<br>(4)粗车 $\phi47$ 外圆,长度60 mm | 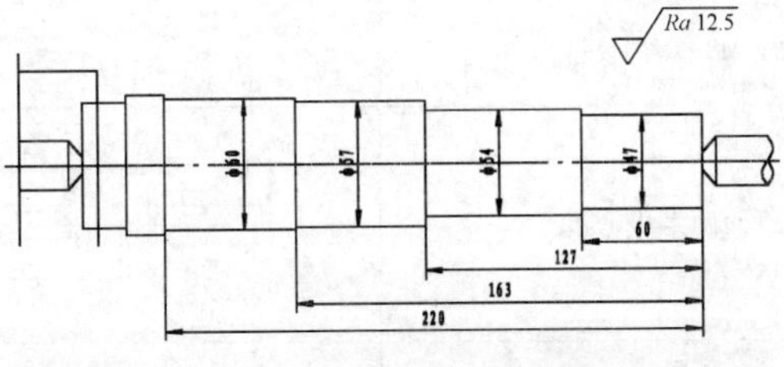 | |
| 3 | 热 | 调质处理190~230 HBS | | |
| 4 | 钳 | 研修两端中心孔 | 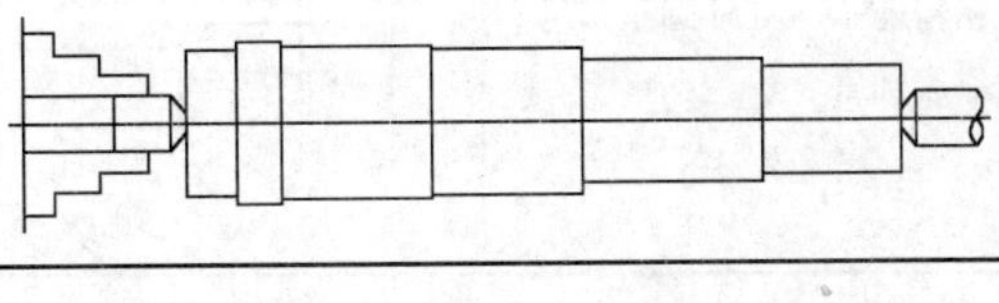 | 普通卧式车床 |

| 工序号 | 工序名称 | 工序内容 | 加工简图 | 设备 |
|---|---|---|---|---|
| 5 | 车 | （1）半精车 $\phi60$ 外圆至尺寸<br>（2）半精车一端外圆至尺寸 $\phi55.4^{+0.1}_{0}$，长度 $20.8\pm0.1$ mm<br>（3）倒角 | | 普通卧式车床 |
| | | （1）半精车外圆至尺寸 $\phi58.4^{+0.1}_{0}$，长度 $222.8\pm0.1$ mm<br>（2）半精车外圆至尺寸 $\phi55.4^{+0.1}_{0}$，长度 $165.8\pm0.1$ mm<br>（3）半精车 $\phi52$ 外圆至尺寸<br>（4）半精车外圆至尺寸 $\phi45.4^{+0.1}_{0}$，长度 $61.8\pm0.1$ mm<br>（5）倒角 | | |
| 6 | 划线 | 划左端面 $2\times$M8 螺孔及两键槽加工线 | | 划线平台 |
| 7 | 铣 | 粗精铣两键槽至尺寸 | | 立式铣床 |
| 8 | 钳 | 钻 $2\times$M8 螺孔底孔<br>攻 M8 螺纹 | | 台式钻床 |
| 9 | 钳 | 研修两端中心孔 | | |
| 10 | 磨 | 粗精磨 $\phi55$ 处外圆至尺寸，并靠磨轴肩 | | 外圆磨床 |

续表

| 工序号 | 工序名称 | 工序内容 | 加工简图 | 设备 |
|---|---|---|---|---|
| 10 | 磨 | 粗精磨三段外圆至尺寸,并靠磨 φ58 轴肩 | | 外圆磨床 |
| 11 | 检验 | 按图样检验工件各部尺寸及精度 | | |

## 步骤十　加工工时定额的制订

 相关知识

## 一、相关术语

相关术语如表 2 – 26 所示。

表 2 – 26　术语表

| 术　语 | 含　义 | 术　语 | 含　义 |
|---|---|---|---|
| 时间定额 | 在一定生产条件下,规定生产一件产品或完成一道工序所需消耗的时间 | 单件时间定额 | 完成一个零件的一道工序的时间定额 |
| 基本时间 $T_b$ | 直接切除工序余量所消耗的时间(包括切入和切出时间),可通过计算求出 | 休息与生理需要时间 $T_\tau$ | 工人在工作班内为恢复体力和满足生理需要所消耗的时间,一般按作业时间的2%～4%计算 |
| 准备与终结时间 $T_e$ | 为生产一批产品或零部件,进行准备和结束工作所消耗的时间。准备工作有:熟悉工艺文件、领料、领取工艺装备、调整机床等。结束工作有:拆卸和归还工艺装备、送交成品等。若批量为 $N$,分摊到每个零件上的时间则为 $T_e/N$ | 布置工作地时间 $T_s$ | 为使加工正常进行,工人照管工地(清理切屑、润滑机床、收拾工具等)所消耗的时间,一般按作业时间的2%～7%计算 |
| 辅助时间 $T_a$ | 装卸工件、开停机床等各种辅助动作所消耗的时间 | | |

## 二、确定切削用量的影响因素

切削用量的确定应根据加工性质、加工要求、工件材料及刀具的材料和尺寸等查阅切削用量手册并结合实践经验确定。除了遵循切削用量的选择原则和方法外,还应考虑如下因素。

### 1. 刀具差异

不同厂家生产的刀具质量差异较大,因此切削用量须根据实际所用刀具和现场经验加以修正。一般进口刀具允许的切削用量高于国产刀具。

### 2. 机床特性

切削用量受机床电动机的功率和机床刚性的限制,必须在机床说明书规定的范围内选取。避免因功率不够而发生闷车、刚性不足而产生大的机床变形或振动,影响加工精度和表面质量。

## 三、确定切削用量的一般方法

切削用量的确定方法如表 2 - 27 所示。

表 2 - 27　切削用量的确定方法

| 切削类型 | 切削用量 | 方　法 | 说　明 |
|---|---|---|---|
| 车削加工 | 背吃刀量 | 1. 粗加工<br>应尽可能一次切去全部加工余量,即选择背吃刀量值等于余量值。<br>2. 半精加工<br>如单边余量 $h > 2$ mm,则应分在两次行程中切除:第一次 $a_p = (2/3 \sim 3/4)h$,第二次 $a_p = (1/4 \sim 1/3)h$。如 $h \leqslant 2$ mm,则可一次切除。<br>3. 精加工<br>应在一次行程中切除精加工工序余量 | 当余量太大时,粗加工应考虑工艺系统的刚度和机床的有效功率,尽可能选取较大的背吃刀量值和最少的工作行程数 |
| | 进给量 | 生产实际中大多依靠经验法,也可利用金属切削用量手册,采用查表法确定合理的进给量 | 应综合考虑机床的有效功率和转矩;机床进给机构传动链的强度;工件的刚度;刀具的强度与刚度;图样规定的加工表面结构 |
| | 切削速度 | 1. 精加工<br>应选取尽可能高的切削速度,以保证加工精度和表面质量,同时满足生产率的要求。<br>2. 粗加工<br>切削速度的选择,应考虑以下几点:硬质合金车刀切削热轧中碳钢的平均切削速度为 1.67 m/s,切削灰铸铁的平均切削速度为 1.17 m/s,两者平均刀具寿命为 3 600 ~ 5 400 s;切削合金钢比切削中碳钢切削速度要降低 20% ~ 30%;切削调质状态的钢件或切削正火、退火状态的钢料切削速度要降低 20% ~ 30%;切削有色金属比切削中碳钢的切削速度可提高 100% ~ 300% | 根据合理的刀具寿命计算或查表选定 $v$ 值 |
| 铣削加工 | 背吃刀量 | 粗铣时,为提高铣削效率,一般选切削背吃刀量等于加工余量,一个工作行程铣完。而半精铣及精铣时,加工要求较高,通常分两次铣削,半精铣时背吃刀量一般为 0.5 ~ 2 mm;精铣时,铣削背吃刀量一般为 0.1 ~ 1 mm 或更小 | 根据加工余量来确定铣削背吃刀量 |
| | 进给量 | 可由切削用量手册中查出,其中推荐值均有一个范围 | 精铣或铣刀直径较小、铣削背吃刀量较大时,用其中较小值。大值常用于粗铣。加工铸铁件时,用其中较大值,加工钢件时用较小值 |
| | 切削速度 | 选择时,按公式计算或查切削用量手册。适当选择较高的切削速度以提高生产率 | |

续表

| 切削类型 | 切削用量 | 方　　法 | 说　　明 |
|---|---|---|---|
| 刨削加工 | 背吃刀量 | 刨削背吃刀量的确定方法和车削基本相同 | |
| | 进给量 | 刨削进给量可按有关手册中车削进给量推荐值选用 | 粗刨平面根据背吃刀量和刀杆截面尺寸按粗车外圆选其较大值;精加工时按半精车、精车外圆选取;刨槽和切断按车槽和切断进给量选择 |
| | 切削速度 | 通常是根据实践经验选定切削速度。刨削速度也可按车削速度公式计算,只不过除了如同车削时要考虑的诸项因素外,还应考虑冲击载荷,要引入修正系数 $k$(参阅有关手册) | 若选择不当,不仅生产效率低,还会造成人力和动力的浪费 |
| 钻削加工 | 钻头直径 $D$ | 钻头直径 $D$ 由工艺尺寸要求确定,尽可能一次钻出所要求的孔 | 当机床性能不能胜任时,才采取先钻孔、再扩孔的工艺,这时钻头直径取加工尺寸的 0.5~0.7 倍。孔用麻花钻直径可参阅 JB/Z 228—85 选取 |
| | 进给量 | 根据实践经验和具体条件分析确定,标准麻花钻的进给量可查表选取 | 进给量 $f$ 主要受到钻削背吃刀量与机床进给机构和动力的限制,也受工艺系统刚度的限制 |
| | 切削速度 | 根据钻头寿命按经验选取 | |

## 四、时间定额的计算公式

时间定额的计算公式如表 2-28 所示。

表 2-28　时间定额计算公式

| 名　　称 | 公　　式 | 说　　明 |
|---|---|---|
| 单件时间 $T_p$ | $T_p = T_b + T_a + T_s + T_\tau = T_B + T_s + T_\tau$ | — |
| 单件时间定额 | $T_c = T_p + T_e/N = T_b + T_a + T_s + T_\tau + T_e/N$ | — |

 **实践**

选择减速器传动轴加工方法,确定价格方案。

确定切削用量时,应在机床、刀具、加工余量等确定之后,综合考虑工序的具体内容、加工精度、生产率、刀具寿命等因素。选择切削用量的一般原则是保证加工质量,在规定的刀具耐用度条件下,使机动时间少、生产率高。为此,应合理地选择刀具材料及刀具的几何参数。在选择切削用量时,通常首先确定背吃刀量(粗加工时尽可能等于工序余量);然后根据表面结构要求选择较大的进给量;最后,根据切削速度与耐用度或机床功率之间的关系,用计算法或查表法求出相应的切削速度(精加工则主要依据表面质量的要求)。

## 步骤十一　工艺文件的填写

加工工序设计完成后,要以表格或卡片的形式确定下来,以便指导工人操作和用于生产、工艺管理。工序卡填写时字迹应端正,表达要清楚,数据要准确。机械加工工序卡应按照 JB/Z 187.3—88 中规定的格式及原则填写,如表 2-29 所示。

**表 2－29　传动轴工艺过程卡**

| | | 机械加工工艺过程卡 | | 产品型号 | | 零(部)件图号 | | | 共( )页 | 第( )页 |
|---|---|---|---|---|---|---|---|---|---|---|
| | | | | 产品名称 | 减速器 | 零(部)件名称 | 传动轴 | | | |
| 材料牌号 | 45 | 毛坯种类 | 圆钢 | 毛坯外形尺寸 | | 每个毛坯可制件数 | | 每台件数 1 | | |

| 工序号 | 工序名称 | 工序内容 | 车间 | 工段 | 设备 | 工艺装备 | 备注 | 工时 准终 | 工时 单件 |
|---|---|---|---|---|---|---|---|---|---|
| 1 | 下料 | $\phi68\times260$ mm | 下料车间 | | 锯床 | | | | |
| 2 | 粗车 | 夹工件外圆，按毛坯找正，车端面，钻中心孔，粗车 $\phi67$ 外圆，长度 100 mm，粗车 $\phi57$ 外圆，长度 19 mm | 机加工车间 | | C616 | 三爪卡盘 | | | |
| 3 | 粗车 | 掉头，夹 $\phi67$ 外圆处，车端面，车工件总长度 255 mm，钻中心孔 | 机加工车间 | | C616 | 三爪卡盘 | | | |
| 4 | 粗车 | 以两中心孔找正，粗车 $\phi60$ 外圆，长度 220 mm；粗车 $\phi57$ 外圆，长度 163 mm；粗车 $\phi54$ 外圆，长度 127 mm；粗车 $\phi47$ 外圆，长度 60 mm | 机加工车间 | | C616 | 顶尖 | | | |
| 5 | 热处理 | 调质处理 190~230 HBS | 热处理车间 | | | | | | |
| 6 | 钳工 | 研修两端中心孔 | 机加工车间 | | C616 | 三爪卡盘、顶尖 | | | |
| 7 | 半精车 | 以两中心孔找正，半精车 $\phi60$ 外圆至尺寸；半精车一端外圆至尺寸 $\phi55.4^{+0.1}_{0}$，长度 20.8±0.1 mm，倒角 | 机加工车间 | | C616 | 顶尖 | | | |
| 8 | 半精车 | 掉头，以两中心孔找正，半精车外圆至尺寸 $\phi55.4^{+0.1}_{0}$ ±0.1 mm；半精车外圆至尺寸 $\phi58.4^{+0.1}_{0}$，长度 165.8±0.1 mm，长度 222.8；$\phi52$ 外圆至尺寸；半精车 $\phi45.4^{+0.1}_{0}$，长度 61.8±0.1 mm，倒角 | 机加工车间 | | C616 | 顶尖 | | | |
| 9 | 划线 | 划左端面 2×M8 螺孔及两键槽加工线 | 机加工车间 | | 划线平台 | | | | |

续表

| | | 机械加工工艺过程卡 | | 产品型号 | | | 零（部）件图号 | | | | 共（　）页 | 第（　）页 | |
|---|---|---|---|---|---|---|---|---|---|---|---|---|---|
| 材料牌号 | 45 | 毛坯种类 | 圆钢 | 产品名称 | 减速器 | | 零（部）件名称 | 传动轴 | | | | | |
| | | | | 毛坯外形尺寸 | | 每个毛坯可制件数 | | 每台件数 | 1 | | | | |
| 工序号 | 工序名称 | 工序内容 | | | | 车间 | 工段 | 设备 | | 工艺装备 | | 备注 | |
| 10 | 粗精铣 | 粗精铣两键槽至尺寸 | | | | 机加工车间 | | 立铣 | | | V形虎钳 | | |
| 11 | 钳工 | 钻2×M8螺孔底孔，攻M8螺纹 | | | | 机加工车间 | | 钻床 Z4012 | | | | | |
| 12 | 钳工 | 研修两端中心孔 | | | | 机加工车间 | | C616 | | | 三爪卡盘、顶尖 | | |
| 13 | 粗精磨 | 以两中心孔找正，粗精磨外圆 $\phi55^{+0.021}_{-0.000}$ 至尺寸，并靠磨轴肩 | | | | 机加工车间 | | 磨床 MW1320 | | | 顶尖 | | |
| 14 | 粗精磨 | 掉头，以两中心孔找正，粗精磨外圆 $\phi55^{+0.021}_{-0.006}$ 至尺寸，并靠磨轴肩 | | | | 机加工车间 | | 磨床 MW1320 | | | 顶尖 | | |
| 15 | 检验 | 按图样检验工件各部尺寸及精度 | | | | 检验车间 | | | | | | | |
| | | | | | | 设计（日期） | 审核（日期） | 标准化（日期） | | 会签（日期） | | | 工时 |
| | | | | | | | | | | | | | 准终 / 单件 |
| 标记 | 处数 | 更改文件号 | 签字 | 日期 | | | | | | | | | |
| 标记 | 处数 | 更改文件号 | 签字 | 日期 | | | | | | | | | |

描图

描校

底图号

装订号

## 巩固与拓展

### 一、巩固自测

(1)如图 2-42 所示的套筒零件,加工表面 A 时要求保证尺寸 10 +0.10 mm,若在铣床上采用静调整法加工时以左端端面定位,试标注此工序的工序尺寸。

(2)如图 2-43 所示的定位套零件,在大批量生产时制订该零件的工艺过程是:先以工件的右端端面及外圆定位加工左端端面、外圆及凸肩,保持尺寸 5±0.05 mm 及将来车右端端面时的加工余量 1.5 mm,然后再以已加工好的左端端面及外圆定位加工右端端面、外圆、凸肩及内孔,保持尺寸 60-0.25 mm。试标注这两道工序的工序尺寸。

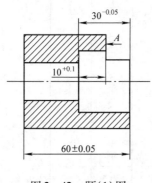

图 2-42　题(1)图

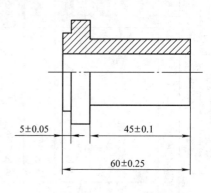

图 2-43　题(2)图

(3)如图 2-44 所示的零件,轴颈 $\phi 106.6_{-0.015}^{0}$ 上要渗碳淬火。要求零件磨削后保留渗碳层深度为 0.9~1.1 mm。其工艺过程如下:

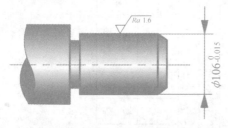

图 2-44　轴

① 车外圆至 $\phi 106.6_{-0.03}^{0}$;
② 渗碳淬火,渗碳深度为 $z_1$;
③ 磨外圆至 $\phi 106.6_{-0.015}^{0}$。
试确定渗碳工序渗碳深度 $z_1$。

(4)如何把零件的加工划分为粗加工阶段和精加工阶段? 为什么要这样划分?

(5)确定工序加工余量应考虑哪些因素? 什么是加工余量、工序间余量和总余量? 引起余量变动的原因是什么?

(6)工艺尺寸是怎样产生的? 在什么情况下必须进行工艺尺寸的换算? 在工艺尺寸链中,封闭环是如何确定的?

(7)何谓基准? 基准分哪几种? 各种基准之间有何关系?

(8)何谓设计基准、工艺基准、工序基准、定位基准、测量基准和装配基准? 何谓粗基准,选择的原则是什么? 何谓精基准,选择的原则是什么?

(9)加工工序顺序的安排应遵循哪些原则?

(10)何谓"工序集中"、"工序分散"? 什么情况下采用"工艺集中"? 影响工序集中和工序分散的主要原因是什么?

## 二、拓展任务

（1）仔细阅读《自主学习手册》轴类零件加工工艺案例，研讨后谈谈自己的体会。

（2）根据任务二的工作步骤及方法，利用所学知识，自主完成《自主学习手册》中的"学习定位销轴等零件加工工艺编制"，并填写《自主学习手册》中的"定位销工艺编制工作单"及"机械加工工艺过程卡"。定位销如图 2-45 所示。

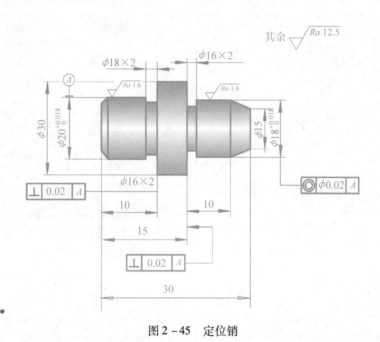

图 2-45　定位销

机械加工工艺制订

任务 三

齿轮加工工艺编制

## 任务目标

通过本任务的学习,学生掌握以下职业能力:

☐ 通过国家标准、网络、现场及其他渠道收集信息;

☐ 在团队协作中正确分析、解决齿轮类零件工艺编制的实际问题;

☐ 正确分析齿轮类零件结构、技术要求;

☐ 根据齿轮类零件结构及技术要求,合理选择零件材料、毛坯及热处理方式;

☐ 合理选择齿轮类零件加工方法及刀具,科学安排加工顺序;

☐ 能够分析、选用常见齿轮加工夹具;

☐ 正确选用公法线千分尺、齿厚游标尺、齿圈径向跳动检查仪和基节仪,并正确测量齿轮精度;

☐ 正确、清晰、规范地填写工艺文件。

## 任务描述

### ● 任务内容

图 3 – 1 是某厂制造的某型号减速器的传动齿轮,其备品率为 4%,废品率约为 1.2%,请分析该齿轮结构及技术要求,确定生产类型,选择毛坯类型及合理的制造方法,选取定位基准和加工装备,拟订工艺路线,设计加工工序,并填写工艺文件。

该厂设备现状及减速器装配图请参考任务一。

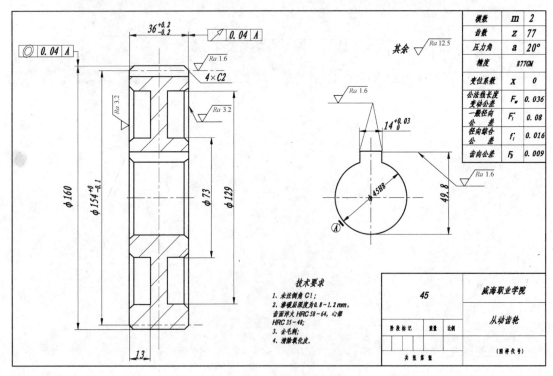

图 3 – 1　减速器传动齿轮

### ● 实施条件

(1)减速器装配图、齿轮零件图、多媒体课件、齿轮加工工艺手册及必要的参考资料,以供学生自主学习时获取必要的信息,教师引导、指导学生实施任务时提供必要的答疑。

(2)工作单及工序卡,供学生获取知识和任务实施时使用。

### ● 齿轮零件简介

齿轮传动在现代机器和仪器中的应用极为广泛,其功用是按规定的速度比传递运动和动力。

由于使用要求不同,齿轮具有各种不同的形状,但从工艺角度可将齿轮看成是由齿圈和轮体两部分构成,如图 3 – 2 所示。按照齿圈上轮齿的分布形式,齿轮可分为直齿、斜齿、人字齿等三类;按照轮体的结构特点,齿轮可分为轴齿轮、盘形齿轮、套筒齿轮、扇形齿轮和齿条等,如图 3 – 3 所示。

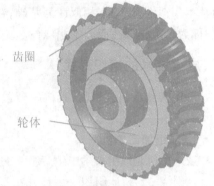

图 3 – 2　齿轮结构

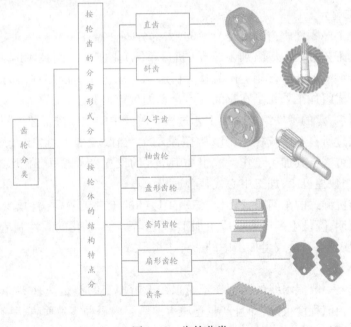

图 3 – 3　齿轮分类

## 程序与方法

### 步骤一　计算零件的生产纲领、确定生产类型

 相关知识

#### 一、成组技术的概念

成组技术(group technology,GT)是指揭示和利用事物间的相似性,按照一定的准则分

类成组,同组事物能够采用同一方法进行处理,以便提高效益的技术。在机械制造工程中,成组技术的核心是成组工艺,它是把结构、材料、工艺相近似的零件组成一个零件族(组),按零件族制订工艺进行加工,从而扩大了批量、减少了品种,便于采用高效方法,提高了劳动生产率。零件的相似性是广义的,在几何形状、尺寸、功能要素、精度、材料等方面的相似性为基本相似性,以基本相似性为基础,在制造、装配等生产、经营、管理等方面所导出的相似性,称为二次相似性或派生相似性。

## 二、成组技术的组织形式

工厂实施成组技术时,其机床布置形式以及相应的生产组织形式有以下三种,如图3-4所示。

### 1. 成组加工单机

成组单机是成组技术中生产组织的最简单形式。车间的机床布置仍然是机群式,其加工特点是围绕一台机床组织一组或几组工艺相似零件的加工。它是在一台机床上实施成组技术,如果一组零件的全部工艺过程可以在一台机床上完成就称为单机封闭。一般六角车床和单轴六角自动机床是典型的成组单机,加工中心就是实现单机封闭形式的理想机床。

### 2. 成组加工单元

在生产中单工序零件所占数量是有限的,大部分零件需在不同机床上进行若干道工序加工方可完成其工艺过程。成组加工单元(机床单元)是实施成组技术时为多工序零件提出来的一种生产组织形式。在用生产流程分析法划分工艺相似的零件组时,同时也可得到对应的机床组。成组加工单元是在车间一不定期的生产面积上,配置着一组机床和一组生产工人,用以完成一定的零件组的全部工艺过程。单元中的机床按工艺过程的顺序布置,相似零件不一定通过所有工序或机床,允许有"跳动"。当改变加工对象时,只需对夹具和刀具作适当调整便可进行其加工工作。成组加工单元的设置要考虑每台机床的合理负荷。如条件许可,应采用数控机床、加工中心代替普通机床。

加工单元与机群式的车间布置相比,缩短工序间的工件运输距离,减少在制品库存量,缩短零件生产周期,降低生产成本。成组加工单元是高度自动化的柔性制造系统的雏形,是富有生命力的组织形式,是成组加工中的一种中级形式。

### 3. 成组流水线

成组流水线与一般流水线的区别在于流水线上所加工的不是一种零件而是一组零件。这组零件的工艺相似程度很高,而且产量也较大。就组内每种零件而言,其在线上的加工节拍只是近似相等,因此不一定要按强迫输送方式流动,但零件在线上的流动应是单向的,不

　　　(a)　　　　　　　　　　　　(b)　　　　　　　　　　　　(c)

图3-4　生产组织形式

(a)成组加工单元;(b)成组流水线;(c)成组加工机

能有反向或跳跃。成组流水线是一种高级的生产组织形式,其优点是可以获得近似大批大量生产的效益。

 **实践**

由任务二可知该减速器计划每年生产 150 台,备品率为 4%,齿轮废品率为 1.2%,该齿轮每台减速器需 1 个,其生产纲领为

$$N = 150 \times 1 \times (1 + 4\%) \times (1 + 1.2\%) = 157.872 \approx 158$$

查表 1 - 7 可知,该齿轮属于小批量生产,其工艺特征是:

(1)生产效率不高,但需要熟练的技术工人;

(2)毛坯可选用型材或选用木模手工造型铸件;

(3)加工设备采用通用机床;

(4)工艺装备采用通用夹具,专、通用刀具,标准量具;

(5)工艺文件需编制加工工艺过程卡和关键工序卡。

## 步骤二　结构及技术要求分析

 **相关知识**

### 一、齿轮的技术要求

齿轮的制造精度,对整个机器的工作性能、承载能力及使用寿命都有很大的影响。齿轮的技术要求如表 3 - 1 所示。

表 3 - 1　齿轮技术要求

| 技 术 要 求 | 说　明 |
| --- | --- |
| 传递运动准确性 | 要求齿轮较准确地传递运动,传动比恒定,即要求齿轮在一转中的转角误差不超过一定范围 |
| 传递运动平稳性 | 要求齿轮传递运动平稳,以减小冲击、振动和噪声,即要求限制齿轮转动时瞬时速比的变化 |
| 载荷分布均匀性 | 要求齿轮工作时,齿面接触要均匀,以使齿轮在传递动力时不致因载荷分布不匀而使接触应力过大,引起齿面过早磨损。接触精度除了包括齿面接触均匀性以外,还包括接触面积和接触位置 |
| 传动侧隙的合理性 | 要求齿轮工作时,非工作齿面间留有一定的间隙,以贮存润滑油,补偿因温度、弹性变形所引起的尺寸变化和加工、装配时的一些误差 |

### 二、齿轮的精度等级

GB/T 10095.1—2008 中对齿轮及齿轮副规定了 13 个精度等级,从 0 ~ 12 顺次降低。其中 0 ~ 2 级是有待发展的精度等级,3 ~ 5 级为高精度等级,6 ~ 8 级为中等精度等级,9 级以下为低精度等级,如表 3 - 2 所示。按误差的特性及其对传动性能的主要影响,每个精度等级都有 3 个偏差组,分别规定出各项偏差和偏差项目。

**1. 齿距偏差**

1)单个齿距偏差($f_{pt}$)

单个齿距偏差是在端平面上,在接近齿高中部的一个与齿轮轴线同心的圆上,实际齿距

与理论齿距的代数差,如图3-5所示。

**表3-2　齿轮的公差组**（GB/T 10095.1—2008）

| 公差组 | 公差与极限偏差项目 | 误 差 特 性 | 对传动性能的主要影响 |
|---|---|---|---|
| I | $F'_i$、$F_p$、$F_{pk}$、$F''_i$、$F_r$、$F_w$ | 以齿轮一转为周期的误差 | 传递运动的准确性 |
| II | $F'_i$、$F''_i$、$F_f$、$\pm F_{pt}$、$\pm F_{pb}$、$F_{f\beta}$ | 在齿轮一周内,多次周期地重复出现的误差 | 传动的平稳性、噪声、振动 |
| III | $F_\beta$、$F_b$、$\pm F_{pt}$ | 齿向线的误差 | 载荷分布的均匀性 |

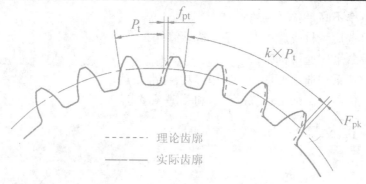

图3-5　齿距偏差与齿距累积偏差

2）齿距累积偏差（$F_{pk}$）

齿距累积偏差是任意 $k$ 个齿距的实际弧长与理论弧长的代数差。理论上它等于这 $k$ 个齿距的各单个齿距偏差的代数和。

3）齿距累积总偏差（$F_p$）

齿距累积总偏差是在齿轮同侧齿面任意弧段（$k=1$ 至 $k=z$）内的最大齿距累积偏差。它表现为齿距累积偏差曲线的总幅值。

**2. 切向综合偏差**

1）切向综合总偏差（$F'_i$）

切向综合总偏差是被测齿轮与测量齿轮单面啮合检验时,被测齿轮一转内,齿轮分度圆上实际圆周位移与理论圆周位移的最大差值。

2）一齿切向综合偏差（$f'_i$）

一齿切向综合偏差是指在一个齿距内的切向综合偏差。

> **注:**
> 　2008 年国家对 2001 年标准（GB/T 10095.1—2001 和 GB/T 10095.2—2001）进行了修订,颁布了圆柱齿轮精度制标准（GB/T 10095.1—2008 和 GB/T 10095.2—2008）,对部分术语进行了修改。但现有的多数文献仍采用 2001 年标准,所以有些术语和本教材可能存在不一致。如有些文献称"极限偏差",本教材采用 2008 年标准统一称为"偏差"。

### 三、齿轮技术要求确定的一般原则

齿轮的制造精度主要根据齿轮的用途和工作条件而定,其一般确定原则如图3-6所示。

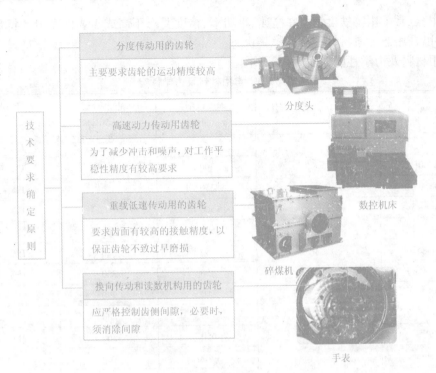

图3-6 齿轮技术要求确定原则

 实践

由图2-1、图3-1可知,减速器从动齿轮是直齿盘形齿轮,由齿圈和轮板组成,属于腹板式结构。

如图2-1所示,该零件主要加工表面及技术要求分析如下。

(1)轴孔 $\phi45H7$ 和同轴外圆 $\phi160k7$ 的同轴度公差等级为8~9级,表面结构参数 $Ra \leqslant 1.6\ \mu m$。

(2)与基准孔有垂直度要求的端面,其端面圆跳动公差等级为7级,表面结构参数 $Ra \leqslant 3.2\ \mu m$。工艺过程安排时应注意保证其位置精度。

(3)两侧面的表面结构参数 $Ra \leqslant 6.4\ \mu m$。

(4)齿轮传递运动精度为8级,公法线变动量 $F_w = 0.036\ mm$,径向综合公差 $F_i''$ 为0.08 mm;传动的平稳性精度为7级,其齿径向综合公差 $F_i''$ 为0.016 mm;载荷的均匀性精度为7级,齿向公差 $F_\beta$ 为0.009 mm。

(5)齿轮表面需淬火,齿面硬度达58~64 HRC,芯部硬度为35~48 HRC。

## 步骤三 材料及毛坯选取

 相关知识

### 一、齿轮常用材料

齿轮常用的材料有钢、铸铁、非金属材料等。其中锻钢最为常用,只有当齿轮的尺寸较大( $da > 400 \sim 600\ mm$ )或结构复杂不容易锻造时,才采用铸钢。在一些低速轻载的开式齿

轮传动中,也常采用铸铁齿轮。在高速、小功率、精度要求不高或需要低噪声的特殊齿轮传动中,可以采用非金属材料。

常用材料及力学性能如表 3-3 所示。

**表 3-3　常用材料及力学性能**

| 材料牌号 | 热处理方法 | 强度极限 $\sigma_B$(MPa) | 屈服极限 $\sigma_S$(MPa) | 硬度(HBS) 齿芯部 | 硬度(HBS) 齿面 |
|---|---|---|---|---|---|
| HT250 | | 250 | | | 170~240 |
| HT300 | | 300 | | | 187~255 |
| HT350 | | 350 | | | 197~269 |
| QT500-5 | 常化 | 500 | | | 147~241 |
| QT600-2 | | 600 | | | 229~320 |
| ZG310-570 | | 580 | 320 | | 156~217 |
| ZG340-640 | | 650 | 350 | | 169~229 |
| 45 | | 580 | 290 | | 162~217 |
| ZG340-640 | 调质 | 700 | 380 | | 241~269 |
| 45 | | 650 | 360 | | 217~255 |
| 30CrMnSi | | 1 100 | 900 | | 310~360 |
| 35SiMn | | 750 | 450 | | 217~269 |
| 38SiMnMo | | 700 | 550 | | 217~269 |
| 40Cr | | 700 | 500 | | 241~286 |
| 45 | 调质后表面淬火 | | | | 40~50 HRC |
| 40Cr | | | | | 48~55 HRC |
| 20Cr | 渗碳后淬火 | 650 | 400 | 300 | 58~60 HRC |
| 20CrMnTi | | 1 100 | 850 | | |
| 12Cr2Ni4 | | 1 100 | 850 | 320 | |
| 20Cr2Ni4 | | 1 200 | 1 100 | 350 | |
| 35CrAlA | 调质后氮化(氮化层厚 $\sigma \geqslant 0.3 \sim 0.5$ mm) | 950 | 750 | 255~321 | >850 |
| 38CrMoAlA | | 1 000 | 850 | | |
| 夹布胶带 | | 100 | | 25~35 | |

注:40Cr 钢可用 40MnVB 替代;20Cr、20CrMnTi 钢可用 20Mn2B 或 20MnVB 替代。

## 二、齿轮材料选用

齿轮应按照使用时的工作条件选用合适的材料,如图 3-7 所示。齿轮材料的合适与否对齿轮的加工性能和使用寿命都有直接的影响。

## 三、齿轮毛坯选择

齿轮毛坯形式主要有棒料、锻件和铸件。

(1)棒料:用于小尺寸、结构简单且对强度要求不太高的齿轮。

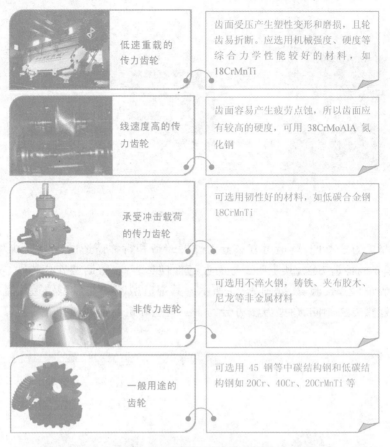

图 3 - 7　齿轮类零件常用材料

（2）锻件：用于强度要求高，并要求耐磨损、耐冲击的齿轮。

（3）铸件：铸钢件用于直径大或结构形状复杂，不宜锻造的齿轮；铸铁件用于受力小，无冲击的开式传动的齿轮；铸件多用于直径大于 $\phi400 \sim \phi600$ 的齿轮。

> **注：**
> 　　□ 对于小尺寸、形状复杂的齿轮，可以采用精密铸造、压力铸造、精密锻造、粉末冶金、热轧和冷挤等新工艺制造出具有轮齿的齿坯，以提高劳动生产率，节约原材料。
> 　　□ 行业标准《机械行业节能设计规范》（JBJ 14—2004）中规定锻件原材料截面直径大于 350 mm 的应采用钢锭。

## 四、铸件造型方法选择

铸造是将熔融金属浇入与零件形状相适应的铸型中，待其冷却凝固后获得所需毛坯或零件的方法。用铸造方法制造的毛坯或零件称为铸件，其生产过程如图 3 - 8 所示。

铸造的实质就是材料的液态成形，由于液态金属易流动，所以各种金属材料都能用铸造的方法制成具有一定尺寸和形状的铸件，并使其形状和尺寸尽量与零件接近，以节省金属，减少加工余量，降低成本。

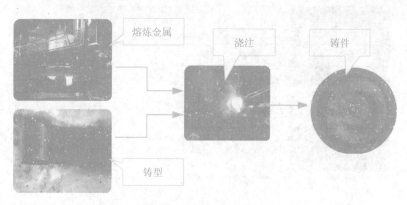

图 3 - 8　铸件生产过程

　　根据铸型的方法不同,铸造可方法分为砂型铸造和特种铸造两大类。砂型铸造是目前最常用、最基本的铸造方法,其主要工序有制造模样和芯盒、备制型砂和芯砂、造型、造芯、合箱、浇注、落砂清理和检验等,如图 3 - 9 所示。其中造型(芯)是砂型铸造最基本的工序,按紧实型砂和起模方法不同,造型方法可分为手工造型和机器造型两种。

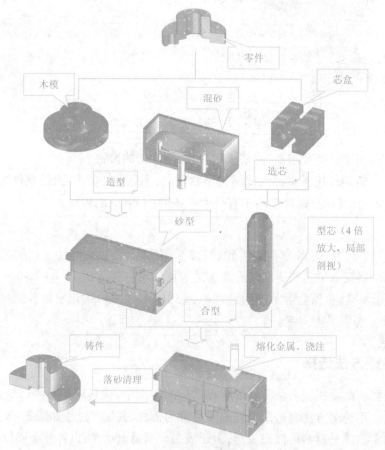

图 3 - 9　砂型铸造的基本工艺过程

常用手工造型方法的特点和应用范围如表3-4所示。

表3-4 常用手工造型方法的特点和应用范围

| 造型方法 | 特 点 | 应用范围 |
|---|---|---|
| 整模造型 | 整体模,分型面为平面,铸型型腔全部在一个砂箱内。造型简单,铸件不会产生错箱缺陷 | 铸件最大截面在一端,且为平面 |
| 分模造型 | 模样沿最大截面分为两半,型腔位于上、下两个砂箱内。造型方便,但制作模样较麻烦 | 最大截面在中部,一般为对称性铸件 |
| 挖砂造型 | 整体模,造型时需挖去阻碍起模的型砂,故分型面是曲面。造型麻烦,生产率低 | 单件小批量生产模样薄,分模后易损坏或变形的铸件 |
| 假箱造型 | 利用特制的假箱或型板进行造型,自然形成曲面分型。可免去挖砂操作,造型方便 | 成批生产需要挖砂的铸件 |
| 活块造型 | 将模样上妨碍起模的部分,做成活动的活块,便于造型起模。造型和制作模样都麻烦 | 单件小批量生产带有突起部分的铸件 |
| 刮板造型 | 用特制的刮板代替实体模样造型,可显著降低模样成本。但操作复杂,要求工人技术水平高 | 单件小批量生产等截面或回转体大、中型铸件 |
| 三箱造型 | 铸件两端截面尺寸比中间部分大,采用两箱模时铸型可由三箱组成,关键是选配高度合适的中箱。造型麻烦,容易错箱 | 单件小批量生产具有二个分型面的铸件 |
| 地坑造型 | 在地面以下的砂坑中造型,一般只用上箱,可减少砂箱投资。但造型劳动量大,要求工人技术较高 | 生产批量不大的大、中型铸件,可节省下箱 |

 实践

图3-1所示的减速器传动齿轮是一般用途的齿轮,齿轮热处理后硬度为40~50 HRC,由表3-3可知45钢调质后表面淬火可满足此要求,故图3-1选择45钢合适;该齿轮形状较复杂,且受力较小,无冲击,毛坯宜选锻造件。

> **注:**
> 毛坯尺寸在步骤九中确定。

# 步骤四 定位基准的选择

 相关知识

定位基准的精度对齿形加工精度有直接的影响。轴类齿轮的齿形加工一般选择顶尖孔定位,某些大模数的轴类齿轮多选择齿轮轴颈和一个端面进行定位。盘套类齿轮的齿形加工多采用以下两种定位基准。

**1. 内孔和端面定位**

选择既是设计基准又是测量和装配基准的内孔作为定位基准,既符合"基准重合"原则,又能使齿形加工等工序基准统一,只要严格控制内孔精度,在专用芯轴上定位时不需要找正。故生产率高,广泛用于成批生产中。

**2. 外圆和端面定位**

齿坯内孔在通用芯轴上安装,采用找正外圆的方法来决定孔中心位置,故要求齿坯外圆对内孔的径向跳动要小。因为这种方法的找正效率较低,一般多用于单件小批量生产。

 **实践**

**1. 粗基准的选择**

选择外圆和端面定位元件,先加工外圆;按"基准先行"的原则,采用外圆及端面为粗基准先加工内孔。

**2. 精基准的选择**

为了保证圆跳动要求,各主要圆柱表面均互为基准加工,并尽量遵守"基准重合"的原则。其余表面加工采用"一孔一端面"的定位方式,即以端面及 $\phi45H7$ 内孔为精基准。这样,基准统一,定位稳定,夹具结构及操作也较简单。但必须提高这个内孔的精度,以保证定位精度。

传动齿轮加工基准如表 3-5 所示。

表 3-5 传动齿轮加工基准

| 基准分类 | 基 准 | 简 图 | 基准分类 | 基 准 | 简 图 |
|---|---|---|---|---|---|
| 粗基准 | 外圆及端面 | | 精基准 | 端面及内孔 | |

# 步骤五 加工方法及加工方案选择

 **相关知识**

齿形加工之前的齿轮加工称为齿坯加工,齿坯的内孔(或轴颈)、端面或外圆经常是齿轮加工、测量和装配的基准,齿坯的精度对齿轮的加工精度有着重要的影响。

## 一、齿坯加工精度

齿坯加工中,主要保证的是基准孔(或轴颈)的尺寸精度和形状精度、基准端面相对于基准孔(或轴颈)的位置精度。不同精度孔(或轴颈)的齿坯公差以及表面结构等要求如表 3-6 至表 3-8 所示。

表 3-6 齿坯公差

| 齿轮精度等级[①] | 5 | 6 | 7 | 8 | 9 |
|---|---|---|---|---|---|
| 孔尺寸公差 形状公差 | IT5 | IT6 | IT7 | | IT8 |
| 轴尺寸公差 形状公差 | IT5 | | | IT6 | IT7 |
| 顶圆直径[②] | IT7 | | IT8 | | IT8 |

注:① 3 个公差组的精度等级不同时,按最高精度等级确定公差值;

② 顶圆不作为测量齿厚基准时,尺寸公差按 IT11 给定,但应小于 0.1 mm。

表3-7　齿坯基准面径向和端面圆跳动公差　　　μm

| 分度圆直径(mm) | | 精度等级 | | | | |
|---|---|---|---|---|---|---|
| 大于 | 到 | 1 和 2 | 3 和 4 | 5 和 6 | 7 和 8 | 9 到 12 |
| 0 | 125 | 2.8 | 7 | 11 | 18 | 28 |
| 125 | 400 | 3.6 | 9 | 14 | 22 | 36 |
| 400 | 800 | 5.0 | 12 | 20 | 32 | 50 |

表3-8　齿坯基准面的表面结构参数 $Ra$　　　μm

| 精度等级 | 3 | 4 | 5 | 6 | 7 | 8 | 9 | 10 |
|---|---|---|---|---|---|---|---|---|
| 孔 | ≤0.2 | ≤0.2 | 0.4~0.2 | ≤0.8 | 1.6~0.8 | ≤1.6 | ≤3.2 | ≤3.2 |
| 颈端 | ≤0.1 | 0.2~0.1 | ≤0.2 | ≤0.4 | ≤0.8 | ≤1.6 | ≤1.6 | ≤1.6 |
| 端面 | 0.2~0.1 | 0.4~0.2 | 0.6~0.4 | 0.6~0.3 | 1.6~0.8 | 3.2~1.6 | ≤3.2 | ≤3.2 |

## 二、齿坯加工方案

齿坯加工方案的选择主要与齿轮的轮体结构、技术要求和生产批量等因素有关。轴、套筒类齿轮齿坯的加工工艺与一般轴、套筒零件加工工艺类似。

### 1. 中、小批生产的齿坯加工方案

中小批生产尽量采用通用机床加工。对于圆柱孔齿坯,可采用粗车—精车的加工方案,具体如下:

步骤1　在卧式车床上粗车齿轮各部分;

步骤2　在一次安装中精车内孔和基准端面,以保证基准端面对内孔的跳动要求;

步骤3　以内孔在心轴上定位,精车外圆、端面及其他部分。

> 注:
> 对于花键孔齿坯,常采用粗车—拉—精车的加工方案。

### 2. 大批量生产的齿坯加工方案

大批量生产中,无论花键孔或圆柱孔,均采用高生产率的机床(如拉床、多轴自动或多刀半自动车床等),具体如下:

步骤1　以外圆定位加工端面和孔(留拉削余量);

步骤2　以端面支承拉孔;

步骤3　以孔在心轴上定位,在多刀半自动车床上粗车外圆、端面和切槽;

步骤4　不卸下心轴,在另一台车床上继续精车外圆、端面、切槽和倒角。

## 三、齿形加工方法分类

齿轮齿形的加工方法,按加工中有无切削可分为无切削加工和有切削加工两大类。

### 1. 无切削加工

无切削加工常采用热轧齿轮、冷轧齿轮、精锻、粉末冶金等新工艺实现。其优点是生产率高,具有材料消耗少、成本低等系列特点;缺点是加工精度较低,工艺不够稳定,特别是当

生产批量较小时难以采用。

**2. 有切削加工**

有切削加工常用方法有铣齿、磨齿、插齿、滚齿、珩齿等。有切削加工具有良好的加工精度,但生产率低,材料消耗多,成本高等。

有切削加工按加工原理又可分为展成法和成形法两类,如图 3 – 10 所示。

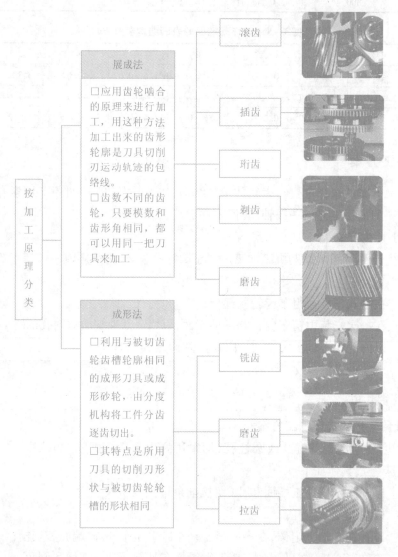

图 3 – 10　齿轮加工方法分类

1)成形法

成形法是利用与被加工齿轮齿槽轮廓相同的成形刀具或成形砂轮,由分度机构将工件分齿逐齿切出,常用的有铣齿、磨齿、拉齿,如图 3 – 11 至图 3 – 15 所示。成形法的特点是所用刀具的切削刃形状与被切齿轮轮槽的形状相同。

实现方法:用齿轮铣刀在铣床上铣齿、用成形砂轮磨齿或用齿轮拉刀拉齿等。

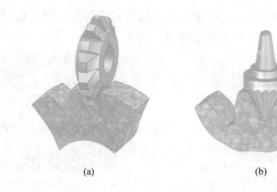

图 3 – 11　成形法加工齿轮
(a)盘状铣刀;(b)指状铣刀

图 3 – 12　S380 成形法磨齿机

图 3 – 13　成形法磨齿

图 3 – 14　成形法铣齿

图 3 – 15　成形法拉齿

> **注:**
> 　　由于成形法存在分度误差及刀具的安装误差,所以加工精度较低,一般只能加工出9 ~ 10级精度的齿轮。此外,加工过程中需做多次不连续分齿,生产率也很低。因此,主要用于单件小批量生产和修配工作中加工精度不高的齿轮。

　　2)展成法

　　展成法是应用齿轮啮合的原理来进行加工的,用这种方法加工出来的齿形轮廓是刀具切削刃运动轨迹的包络线。齿数不同的齿轮,只要模数和齿形角相同,都可以用同一把刀具来加工。

　　实现方法:滚齿、插齿、剃齿、珩齿和磨齿等。

## 四、常见的齿形加工方法

### 1. 滚齿

　　滚齿是齿形加工中生产率较高、应用最广的一种加工方法。滚齿时,蜗杆形的齿轮滚刀在滚齿机上与被切齿轮作空间交轴啮合,滚刀的旋转形成连续的切削运动,切削加工出外啮合的直齿、斜齿圆柱齿轮等。滚齿刀及滚齿如图 3-16、图 3-17 所示。

图 3-16 滚齿刀

图 3-17 滚齿

1)滚齿的加工精度

滚齿的加工精度等级一般为 6~10 级,对于 8、9 级精度齿轮,可直接滚齿得到,对于 7 级精度以上的齿轮,通常滚齿可作为齿形的粗加工或半精加工。当采用 AA 级齿轮滚刀和高精度滚齿机时,可直接加工出 7 级精度以上的齿轮。

> **注:**
> 国际标准把滚刀的精度等级分为 AA 级、A 级和 B 级。为了加工特别精密的齿轮,有的国家还有 AAA 级滚刀。在切齿过程中,滚刀的制造误差主要影响齿轮的齿形误差和基节偏差。

在滚齿加工中,由于机床、刀具、夹具和齿坯在制造、安装和调整中不可避免地存在一些误差,因此被加工齿轮在尺寸、形状和位置等方面也会产生一些误差。这些误差将影响齿轮传动的准确性、平稳性、载荷分布的均匀性和齿侧间隙。滚齿误差产生的主要原因和采取的相应措施如表 3-9 所示。

表 3-9 滚齿误差产生原因及其措施

| 影响因素 | 滚齿误差 | | 主要原因 | 采取的措施 |
|---|---|---|---|---|
| 影响传递运动准确性 | 齿距累积误差超差 | 齿圈径向圆跳动超差 $F_r$ | 齿坯几何偏心或安装偏心造成 | 提高齿坯基准面精度要求<br>提高夹具定位面精度<br>提高调整技术水平 |
| | | | 用顶尖定位时,顶尖与机床中心偏心 | 更换顶尖及提高中心孔制造质量,并在加工过程中保护中心孔 |
| | | 法线长度变动量超差 $F_w$ | 用顶尖定位时,因顶尖或中心孔制造不良,使定位面接触不好造成偏心 | 提高顶尖及中心孔制造质量,并在加工过程中保护中心孔 |
| | | | 滚齿机分度蜗轮精度过低<br>滚齿机工作台圆形导轨磨损<br>分度蜗轮与工作台圆形导轨不同轴 | 提高机床分度蜗轮精度<br>采用滚齿机校正机构<br>修刮导轨,并以其为基准精滚(或珩)分度蜗轮 |

| 影响因素 | 滚齿误差 | | 主要原因 | 采取的措施 |
|---|---|---|---|---|
| 影响传递运动的平稳、噪声、振动 | 齿形误差超差 | 齿形变肥或变瘦,且左右齿形对称 | 滚刀齿形角误差<br>前面刃磨产生较大的前角 | 更换滚刀或重磨前面 |
| | | 一边齿顶变肥,另一边齿顶变瘦,齿形不对称 | 刃磨时产生导程误差或直槽滚刀非轴向性误差<br>刀对中不好 | 误差较小时,重调刀架转角<br>重新调整滚刀刀齿,使它和齿坯中心对中 |
| | | 齿面上个别点凸出或凹进 | 滚刀容屑槽槽距误差 | 重磨滚刀前面 |
| | | 齿形面误差近似正弦分布的短周期误差 | 刀杆径向圆跳动太大<br>滚刀和刀轴间隙大<br>滚刀分度圆柱对内孔轴心线径向圆跳动误差 | 找正刀杆径向圆跳动<br>找正滚刀径向圆跳动<br>重磨滚刀前面 |
| | | 齿形一侧齿顶多切,另一侧齿根多切,且呈正弦分布 | 滚刀轴向齿距误差<br>滚刀端面与孔轴线不垂直<br>垫圈两端面不平行 | 防止刀杆轴向窜动<br>找正滚刀偏摆,转动滚刀或刀杆加垫圈<br>重磨垫圈两端面 |
| | | 基圆齿距偏差超差 $f_{pb}$ | 滚刀轴向齿距误差<br>滚刀齿形角误差<br>机床蜗杆副齿距误差过大 | 提高滚刀铲磨精度(齿距齿形角)<br>更换滚刀或重磨前面<br>检修滚齿机或更换蜗杆副 |
| 载荷分布均匀性 | 齿向误差超差 | | 机床几何精度低或使用磨损(立柱导轨、顶尖、工作台水平性等) | 定期检修几何精度 |
| | | | 夹具制造、安装、调整精度低 | 提高夹具的制造和安装精度 |
| | | | 齿坯制造、安装、调整精度低 | 提高齿坯精度 |
| | 表面结构差 | | 滚刀因素<br>滚刀刃磨质量差<br>滚刀径向圆跳动量大<br>滚刀磨损<br>滚刀未固紧而产生振动<br>辅助轴承支承不好 | 选用合格滚刀或重新刃磨<br>重新校正滚刀<br>刃磨滚刀<br>紧固滚刀<br>调整间隙 |
| | | | 切削用量选择不当 | 合理选择切削用量 |
| | | | 切削挤压引起 | 增加切削液的流量或采用顺铣加工 |
| | | | 齿坯刚性不好或没有夹紧,加工时产生振动 | 选用小的切削用量,或夹紧齿坯,提高齿坯刚性 |
| | | | 机床有间隙<br>工作台蜗杆副有间隙<br>滚刀轴向窜动和径向圆跳动大<br>刀架导轨与刀架间有间隙<br>进给丝杠有间隙 | 检修机床,消除间隙 |

2) 滚齿的加工适用范围

滚齿加工通用性好,既可加工圆柱齿轮,又可加工蜗轮;既可加工渐开线齿形又可加工圆弧、摆线等齿形;既可加工小模数、小直径齿轮,又可加工大模数、大直径齿轮。

**2. 插齿**

插齿是利用齿轮形插齿刀或齿条形梳齿刀切出齿形的加工方法。用插齿刀切齿时,刀具随插齿机主轴作轴向往复运动,同时由机床传动链使插齿刀与工件按一定速比相互旋转,保证插齿刀转一齿时工件也转一齿,形成展成运动,齿轮的齿形即被准确地包络出来。插齿刀如图 3 – 18 所示,插齿如图 3 – 19 所示。

图 3 – 18　插齿刀　　　　　　　　　　图 3 – 19　插齿

1) 插齿的加工精度

插齿的加工精度等级一般为 7 ~ 9 级,表面结构参数 $Ra$ 为 3.2 ~ 6.3 μm。在插齿加工中,同样存在加工误差,影响齿轮正常工作。但插齿加工与滚齿加工相比,精度较高。

(1) 传动准确性。齿坯安装时的几何偏心使工件产生径向位移,使得齿圈径向跳动;工作台分度蜗轮的运动偏心使工件产生切向位移,造成公法线长度变动;插齿刀的制造齿距累积误差和安装误差,也会造成插齿的公法线变动。

(2) 传动平稳性。插齿刀设计时没有近似误差,所以插齿的齿形误差比滚齿小。

(3) 载荷均匀性。机床刀架刀轨对工作台回转中心的平行度造成工件产生齿向误差;插齿刀的上下往复频繁运动使刀轨磨损,加上刀具刚性差,因此插齿的齿向误差比滚齿大。

(4) 表面结构参数。插齿后的表面结构参数比滚齿小,这是因为插齿过程中包络齿面的切削刃数较多。

2) 插齿的适用范围

插齿应用范围广泛,它能加工内外啮合齿轮、扇形齿轮齿条、斜齿轮等。但是加工齿条需要附加齿条夹具,并在插齿机上开洞;加工斜齿轮需要螺旋刀轨。所以插齿适合于加工模数较小、齿宽较小、工作平稳性要求较高、运动精度要求不高的齿轮。

**3. 剃齿**

剃齿是根据一对轴线交叉的斜齿轮啮合时,沿齿向有相对滑动而建立的一种加工方法。剃齿时,剃齿刀在剃齿机上对齿轮齿面进行精整加工,常作为滚齿或插齿的后续工序,一般加工余量为 0.05 ~ 0.1 mm(单面),剃齿后可使齿轮精度大致提高一级,齿表面结构参数

*Ra* 达 0. 32 ~ 1. 25 μm。图 3 – 20 所示为数控径向剃齿机,剃齿如图 3 – 21 所示。

图 3 – 20　数控径向剃齿机

图 3 – 21　剃齿

1) 剃齿的加工精度

剃齿的加工精度等级一般为 7 ~ 9 级,表面结构参数 *Ra* 为 3. 2 ~ 6. 3 μm。

由于剃齿的质量较好、生产率高、所用机床简单、调整方便、剃齿刀耐用度高,所以汽车、拖拉机和机床中的齿轮,多用这种加工方法来进行精加工。

近年来,由于含钴、钼成分较高的高性能高速钢刀具的应用,使剃齿也能进行硬齿面的齿轮精加工。加工精度可达 7 级,齿面的表面结构参数 *Ra* 为 0. 8 ~ 1. 6 μm。但淬硬前的精度应提高一级,留硬剃余量为 0. 01 ~ 0. 03 mm。

2) 剃齿工艺中的几个问题

(1) 齿轮硬度在 22 ~ 32 HRC 范围时,剃齿刀校正误差能力最好,如果齿轮材质不均匀,含杂质过多或韧性过大会引起剃齿刀滑刀或啃刀,最终影响剃齿的齿形及表面结构。

(2) 剃齿是齿形的精加工方法,因此剃齿前的齿轮应有较高的精度,通常剃齿后的精度只能比剃齿前提高一级。

(3) 剃齿余量的大小,对剃齿质量和生产率均有较大影响。余量不足时,剃齿误差及表面缺陷不能全部除去;余量过大,则剃齿效率低,刀具磨损快,剃齿质量反而下降。

(4) 为了减轻剃齿刀齿顶负荷,避免刀尖折断,剃齿前在齿根处挖掉一块。齿顶处最好能有一修缘,这不仅对工作平稳性有利,而且可使剃齿后的工件沿外圆不产生毛刺。

此外,合理地确定切削用量和正确的操作也十分重要。

> **注:**
> 　　目前我国剃齿加工中最常用的方法是平行剃齿法,它最主要的缺点是刀具利用率不好,局部磨损使刀具利用率寿命低;另一缺点是剃前时间长,生产率低。为此,大力发展了对角剃齿、横向剃齿、径向剃齿等方法。

**4. 磨齿**

展成法磨齿是将运动中的砂轮表面作为假想齿条的齿面与被磨齿轮作啮合传动,形成展成运动磨出齿形。蜗杆砂轮磨齿如图 3 – 22 所示。

图 3 – 22　蜗杆砂轮磨齿

不同的齿轮加工方法其加工精度不同,具体如表3-10所示。

表3-10　齿轮加工方法及其加工精度

| 加 工 方 法 | 加 工 精 度 | 表面结构参数 $Ra/\mu m$ |
|---|---|---|
| 盘状成形铣刀铣齿 | 9 级 | 2.5 ~ 10 |
| 指状成形铣刀铣齿 | 9 级 | 2.5 ~ 10 |
| 滚齿加工 | 6 ~ 8 级 | 1.25 ~ 5 |
| 插齿加工 | 6 ~ 8 级 | 1.25 ~ 5 |
| 剃齿加工 | 6 ~ 7 级 | 0.32 ~ 1.25 |
| 磨齿加工 | 4 ~ 7 级 | 0.16 ~ 0.63 |

## 五、齿形加工方案

齿形加工是齿轮加工的关键,其加工方案的选择取决于诸多因素,主要决定于齿轮的精度等级,此外还应考虑齿轮的结构特点、硬度、表面结构参数、生产批量、设备条件等。常用齿形加工方案如表3-11所示。

表3-11　齿形加工方案

| 分　类 | 加 工 方 案 |
|---|---|
| 9 级精度以下的齿轮加工方案 | 一般采用铣齿—齿端加工—热处理—修正内孔的加工方案。若无热处理可去掉修正内孔的工序。此方案适用于单件小批生产或维修 |
| 8 ~ 7 级精度的齿轮加工方案 | 采用滚(插)齿—齿端加工—淬火—修正基准—珩齿(研齿)的加工方案。若无淬火工序,可去掉修正基准和珩齿工序。此方案适于各种批量生产 |
| 7 ~ 6 级精度的齿轮加工方案 | 采用滚(插)齿—齿端加工—剃齿—淬火—修正基准—珩齿(或磨齿)的加工方案。单件小批生产时采用磨齿方案;大批大量生产时采用珩齿方案。如不需淬火,则可去掉磨齿或珩齿工序 |
| 6 ~ 3 级精度的齿轮加工方案 | 采用滚(插)齿—齿端加工—淬火—修正基准—磨齿加工方案。此方案适用各种批量生产。如果齿轮精度虽低于 6 级,但淬火后变形较大,也需采用磨齿方案 |

 实践

## 一、齿坯加工方法及加工方案确定

根据各表面加工要求和各种加工方法所能达到的经济精度,选择齿坯主要表面的加工方法与方案。

$\phi$45H7 内孔和 $\phi$160H7 外圆加工选取车削加工,其加工方案见图3-23。

## 二、齿形加工方法及加工方案确定

该齿轮精度为 7 级,根据表3-10所示的各种加工方法及精度,齿形加工选取滚齿和珩齿的加工方法,齿端加工选择车削和磨削的加工方法,其加工方案见图3-24。

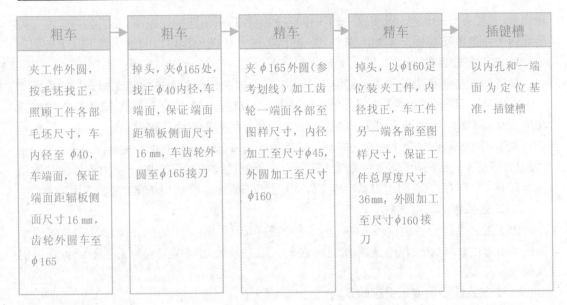

图 3 – 23　齿坯加工方案

图 3 – 24　齿形加工方案

# 步骤六　加工设备选择及工件装夹

　相关知识

## 一、机械加工误差

机械加工误差是指零件加工后的实际几何参数(几何尺寸、几何形状和相互位置)与理想几何参数之间偏差的程度。零件加工后实际几何参数与理想几何参数之间的符合程度即加工精度。加工误差越小,符合程度越高,加工精度就越高。加工精度与加工误差是一个问题的两种提法。因此,加工误差的大小反映了加工精度的高低。

零件的机械加工是在由机床、刀具、夹具和工件组成的工艺系统内完成的。零件加工表面的几何尺寸、几何形状和加工表面之间的相互位置关系取决于工艺系统间的相对运动关系。工件和刀具分别安装在机床和刀架上,在机床的带动下实现运动,并受机床和刀具的约束。所以,工艺系统中各种误差就会以不同的程度和方式反映在零件的加工误差上。由于工艺系统各种原始误差的存在,如机床、夹具、刀具的制造误差及磨损、工件的装夹误差、测量误差、工艺系统的调整误差以及加工中的各种力和热所引起的误差等,使工艺系统间正确的几何关系遭到破坏而产生加工误差。这些误差的产生的原因可以归纳为以下几个方面。

**1. 加工原理误差**

加工原理误差是指采用了近似的刀刃轮廓或近似的传动关系进行加工而产生的误差。

**案例**:加工渐开线齿轮用的齿轮滚刀,为使滚刀制造方便,采用了阿基米德基本蜗杆或法向直廓基本蜗杆代替渐开线基本蜗杆,使齿轮渐开线齿形产生了误差。

**案例**:车削蜗杆时,由于蜗杆的螺距等于蜗轮的周节(即 $m\pi$),其中 $m$ 是模数,而 $\pi$ 是一个无理数,但是车床的配换齿轮的齿数是有限的,选择配换齿轮时只能将 $\pi$ 化为近似的分数值($\pi = 3.1415$)计算,这将引起刀具对于工件成形运动(螺旋运动)的不准确,造成螺距误差。

**2. 工艺系统的几何误差**

由于工艺系统中各组成环节的实际几何参数和位置,相对于理想几何参数和位置发生偏离而引起的误差,统称为工艺系统几何误差。工艺系统几何误差只与工艺系统各环节的几何要素有关。

**3. 工艺系统受力变形引起的误差**

工艺系统在切削力、夹紧力、重力和惯性力等作用下会产生变形,从而破坏了已调整好的工艺系统各组成部分的相互位置关系,导致加工误差的产生,并影响加工过程的稳定性。

**4. 工艺系统受热变形引起的误差**

在加工过程中,由于受切削热、摩擦热以及工作场地周围热源的影响,工艺系统的温度会产生复杂的变化。在各种热源的作用下,工艺系统会发生变形,改变系统中各组成部分的正确相对位置,导致加工误差的产生。

**5. 工件内应力引起的加工误差**

内应力是工件自身的误差因素。工件冷热加工后会产生一定的内应力。通常情况下内应力处于平衡状态,但对具有内应力的工件进行加工时,工件原有的内应力平衡状态被破坏,从而使工件产生变形。

**6. 测量误差**

在工序调整及加工过程中测量工件时,由于测量方法、量具精度等因素对测量结果准确性的影响而产生的误差,统称为测量误差。

## 二、工艺系统误差

工艺系统的几何误差主要是指机床、刀具和夹具本身在制造时所产生的误差以及使用中产生的磨损和调整误差。这类误差在加工过程开始之前已客观存在,并在加工过程中反映在工件上。

**1. 机床的几何误差**

机床的几何误差是通过各种成形运动反映到加工表面的,机床的成形运动主要包括两大类,即主轴的回转运动和移动件的直线运动。因而分析机床的几何误差主要包括主轴的回转运动误差、导轨导向误差和传动链误差。

1)主轴的回转运动误差

主轴的回转运动误差是指主轴实际回转轴线相对于理论回转轴线的偏移。由于主轴部件在制造、装配、使用中等各种因素的影响,会使主轴产生回转运动误差,其误差形式可以分解为轴向窜动、径向跳动和角度摆动三种。

（1）轴向窜动。轴向窜动是指瞬时回转轴线沿平均回转轴线方向的轴向运动，如图 3-25所示。它主要影响工件的的端面形状和轴向尺寸精度。

（2）径向跳动。径向跳动是指瞬时回转轴线平行于平均回转轴线的径向运动量，如图 3-26所示。它主要影响加工工件的圆度和圆柱度。

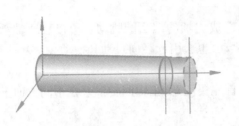 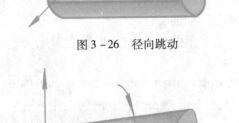

图 3-25 轴向窜动 图 3-26 径向跳动

（3）角度摆动。角度摆动是指瞬时回转轴线与平均回转轴线成一倾斜角度作公转，如图 3-27 所示。它对工件的形状精度影响很大，如车外圆时，会产生锥度。

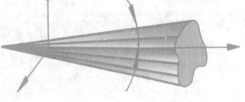

2）影响主轴回转运动误差的主要因素

影响主轴回转运动误差的因素较多，主要有主轴误差和轴承误差两方面。

图 3-27 角度摆动

（1）主轴误差。主轴误差主要包括主轴支承轴径的圆度误差、同轴度误差（使主轴轴心线发生偏斜）和主轴轴径轴向承载面与轴线的垂直度误差（影响主轴轴向窜动量）。

（2）轴承误差。主轴采用滑动轴承支承时，主轴轴径和轴承孔的圆度误差对主轴回转精度有直接影响。

**案例**：对于工件回转类机床，切削力的方向大致不变，在切削力的作用下，主轴轴径以不同部位与轴承孔的某一固定部位接触，这时主轴轴径的形状误差是影响回转精度的主要因素，如图 3-28 所示。

**案例**：对于刀具回转类机床，切削力的方向随主轴回转而变化，主轴轴径以某一固定位置与轴承孔的不同位置相接触，这时轴承孔的形状精度是影响回转精度的主要因素，如图 3-29所示。

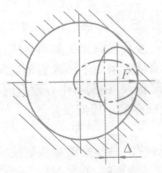 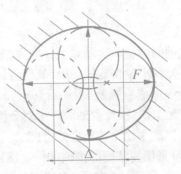

图 3-28 工件回转类机床 图 3-29 刀具回转类机床

> **注：**
>
> 　　对于动压滑动轴承,轴承间隙增大会使油膜厚度变化大,轴心轨迹变动量加大。

　　主轴采用滚动轴承支承时,内外环滚道的形状误差、内环滚道与内孔的同轴度误差、滚动体的尺寸误差和形状误差,都对主轴回转精度有影响。主轴轴承间隙增大会使轴向窜动与径向圆跳动量增大。

　　主轴采用推力轴承时,其滚道的端面误差会造成主轴的端面圆跳动。角接触球轴承和圆锥滚子轴承的滚道误差既会造成主轴端面圆跳动,也会引起径向跳动和摆动。

　　3)主轴回转误差对加工精度的影响

　　在分析主轴回转误差对加工精度的影响时,首先要注意,主轴回转误差在不同方向上的影响是不同的。

　　在车削圆柱表面时,回转误差沿刀具与工件接触点的法线方向分量 $\Delta Y$ 对精度影响最大。

　　**案例**:如图 3-30 所示,反映到工件半径方向上的误差 $\Delta R = \Delta Y$,而切向分量 $\Delta Z$ 的影响最小;存在误差 $\Delta Z$ 时,反映到工件半径方向上的误差为 $\Delta R$,其关系式为

$$(R + \Delta R)^2 = \Delta Z^2 + R^2$$

　　整理中略去高阶微量 $\Delta R^2$ 项可得: $\Delta R = \Delta Z^2 / 2 \times R$

　　假设 $\Delta Z = 0.01$ mm, $R = 50$ mm,则 $\Delta R = 0.000\,001$ mm。此值完全可以忽略不计。

> **注：**
>
> 　　一般称法线方向为误差的敏感方向,切线方向为非敏感方向。分析主轴回转误差对加工精度的影响时,应着重分析误差敏感方向的影响。

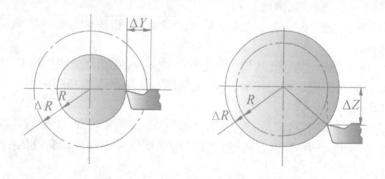

图 3-30　车床主轴回转误差对加工的影响

　　主轴的纯轴向窜动对工件的内、外圆加工没有影响,但会影响加工端面与内、外圆的垂直度误差。主轴每旋转一周,就要沿轴向窜动一次,向前窜的半周中形成右螺旋面,向后窜的半周中形成左螺旋面,最后切出如端面凸轮一样的形状,并在端面中心附近出现一个凸台。当加工螺纹时,主轴轴向窜动会使加工的螺纹产生螺距的小周期误差。

　　4)提高主轴回转精度的措施

　　(1)采用高精度的主轴部件。获得高精度的主轴部件的关键是提高轴承精度。因此,主轴轴承,特别是前轴承,多选用 D、C 级轴承;当采用滑动轴承时,则采用静压滑动轴承,以提高轴系刚度,减少径向圆跳动。其次是提高主轴箱体支承孔、主轴轴颈和与轴承相配合零

件的有关表面的加工精度,对滚动轴承进行预紧。

(2)使主轴回转的误差不反映到工件上。

**案例**:如采用死顶尖磨削外圆,只要保证定位中心孔的形状、位置精度,即可加工出高精度的外圆柱面。

5)机床导轨误差

机床导轨副是实现直线运动的主要部件,其制造和装配精度是影响直线运动精度的主要因素,导轨误差对零件的加工精度产生直接的影响。不同平面内的导轨误差对不同机床有着不同影响,分析导轨误差对零件的加工精度的影响时,应具体问题具体分析。

6)机床的传动误差

对于某些加工方法,为保证工件的精度,要求工件和刀具间必须有准确的传动关系。此时,机床的传动误差将影响工件的加工精度。

**案例**:如车削螺纹时,要求工件旋转一周刀具直线移动一个导程,那么车床丝杠导程和各齿轮的制造误差都必将引起工件螺纹导程的误差。

为了减少机床传动误差对加工精度的影响,可以采用如下措施:

□ 减少传动链中的环节,缩短传动链;

□ 提高传动副(特别是末端传动副)的制造和装配精度;

□ 消除传动间隙;

□ 采用误差校正机构。

**2. 工艺系统的其他几何误差**

1)刀具误差

刀具误差主要指刀具的制造、磨损和安装误差等,刀具对加工精度的影响因刀具种类不同而定。

一般刀具(如普通车刀、单刃镗刀、平面铣刀等)的制造误差,对加工精度没有直接的影响。但当刀具与工件的相对位置调整好以后,在加工过程中,刀具的磨损将会影响加工误差。

定尺寸刀具(如钻头、铰刀、拉刀、槽铣刀等)的制造误差及磨损误差,均直接影响工件的加工尺寸精度。

成形刀具(如成形车刀、成形铣刀、齿轮刀具等)的制造和磨损误差,主要影响被加工工件的形状精度。

2)夹具误差

夹具误差主要是指定位误差、夹紧误差、夹具安装误差和对刀误差以及夹具的磨损等。

3)调整误差

零件加工的每一道工序中,为了获得被加工表面的形状、尺寸和位置精度,必须对机床、夹具和刀具进行调整。而采用任何调整方法及使用任何调整工具都难免带来一些原始误差,这就是调整误差。

## 三、工艺系统受力变形对加工误差的影响

由机床、夹具、刀具、工件组成的工艺系统,在切削力、传动力、惯性力、夹紧力以及重力等的作用下,会产生相应的变形(弹性变形及塑性变形)。这种变形将破坏工艺系统间已调

整好的正确位置关系,从而产生加工误差。

　　**案例**:例如车削细长轴时,工件在切削力作用下的弯曲变形,加工后会形成腰鼓形的圆柱度误差,如图 3 - 31(a)所示。又如在内圆磨床上用横向切入磨孔时,由于磨头主轴弯曲变形,使磨出的孔会带有锥度的圆柱度误差,如图 3 - 31(b)所示。

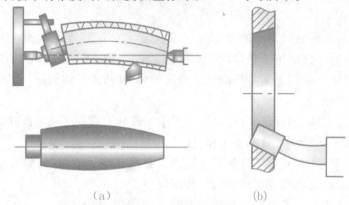

（a）　　　　　　　　　　　　　（b）

图 3 - 31　工艺系统受力变形引起的加工误差

(a)腰鼓形圆柱度误差;(b)有锥度的圆柱度误差

### 1. 工艺系统受力变形对加工精度的影响

　　(1)工艺系统受力点变化会引起形状误差,如上述案例。但工艺系统随受力点位置变化不同,其变形也不同,具体问题应具体分析。

　　(2)加工毛坯形状不规则的零件时,由于在同道工序中的切削量不同,而使刀具与工件之间的切削力不同,从而使工件或工艺系统变形量也不同,导致工艺系统产生与毛坯形状变化相应的变形,这种现象称为"误差复映",如图 3 - 32 所示。

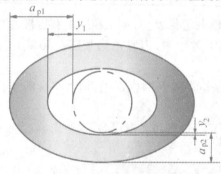

图 3 - 32　误差复映

　　**案例**:由于工件毛坯的圆度误差,使车削时刀具的切削深度在 $a_{p1}$ 与 $a_{p2}$ 之间变化,因此,切削分力 $F$ 也随切削深度 $a_p$ 的变化由 $F_{max}$ 变到 $F_{min}$。此时,工艺系统将产生相应的变形,即由 $y_1$ 变到 $y_2$(刀尖相对于工件产生 $y_1$ 到 $y_2$ 的位移),这样就形成了被加工表面的圆度误差。

　　(3)由重力引起的加工误差。在工艺系统中,由于零部件的自重也会引起变形,如龙门铣床、龙门刨床刀架横梁的变形,镗床镗杆下垂变形等,都会造成加工误差。

　　(4)夹紧力引起的加工误差。在加工刚性较差的工件时,若夹紧不当会引起工件的变形而产生形状误差。

　　(5)由传动力引起的加工误差。在机床上加工零件时,由于传动力引起的工艺系统变形也会造成加工误差。

　　(6)由惯性力引起的加工误差。切削加工中,高速旋转的零部件(包括夹具、工件和刀具等)的不平衡将产生离心力,在每一转中不断地改变着方向,将使工艺系统的受力变形也随之变换而产生加工误差。

**2. 减少工艺系统受力变形的措施**

减少工艺系统的受力变形,是机械加工中保证产品质量和提高生产效率的主要途径之一。根据生产的实际情况,可采取以下几方面的措施。

1)提高接触刚度

由于零件表面存在着宏观和微观的几何误差,其接触刚度一般低于实体零件的刚度。所以,提高接触刚度是提高工艺系统刚度的关键。

常用的方法是改善工艺系统主要零件接触表面的配合质量,如机床导轨副的刮研,配研顶尖锥体与主轴和尾座套筒锥孔的配合面,研磨加工精密零件用的顶尖孔等。提高接触刚度的另一措施是预加载荷,这样可以消除配合面间的间隙,而且还能使零部件之间有较大的实际接触面,减少受力后的变形量。预加载荷法常在各类轴承的调整中使用。

2)提高工件刚度

在加工中,由于工件本身刚度不足,容易产生变形,特别是加工叉类、细长轴等结构的零件,变形较大。其主要措施是缩小切削力作用点到工件支承面之间的距离,以增大工件加工时的刚度。

3)提高机床部件刚度

在切削加工中,由于机床部件刚度低而产生变形和振动,会影响加工精度和生产率的提高,所以加工时常采用一些辅助装置以提高机床部件的刚度。

4)合理装夹工件以减少夹紧变形

对于薄壁零件的加工,夹紧时必须特别注意选择适当的夹紧方法,否则将会引起很大的形状误差。

## 四、工艺系统热变形对加工误差的影响

在机械加工过程中,工艺系统在各种热源的影响下,常产生复杂的变形,破坏了工艺系统间的相对位置精度,造成了加工误差。据统计,在某些精密加工中,由于热变形引起的加工误差占总加工误差的40%~70%。热变形不仅降低了系统的加工精度,而且还影响了加工效率的提高。

**1. 工艺系统的热源**

引起工艺系统热变形的热源大致可分为内部热源(切削热和摩擦热)和外部热源(环境温度和辐射热)两类,切削热和摩擦热是工艺系统的主要热源。

**2. 机床热变形引起的加工误差**

机床受热源的影响,各部分温度将发生变化,由于热源分布的不均匀和机床结构的复杂性,机床各部件将发生不同程度的热变形,破坏了机床原有的几何精度,从而引起了加工误差。

**3. 刀具热变形引起的加工误差**

刀具的热变形主要是切削热引起的。传到刀具上的热量不多,但因刀具切削部分质量小(体积小),热容量小,所以刀具切削部的温升大。例如用高速钢刀具车削时,刃部的温度高达 $700 \sim 800$ ℃,刀具热伸长量可达 $0.03 \sim 0.05$ mm。因此对加工精度的影响不容忽略。

**4. 工件热变形引起的加工误差**

轴类零件在车削或磨削时,一般是均匀受热,温度逐渐升高,其直径也逐渐胀大,胀大部

分将被刀具切去,待工件冷却后则形成圆柱度和直径尺寸的误差。

细长轴在两顶尖间车削时,热变形将使工件伸长,导致工件的弯曲变形,加工后将产生圆柱度误差。精密丝杠磨削时,工件的受热伸长会引起螺距的积累误差。

**案例:** 磨削长度为 3 000 mm 的丝杠,每一次走刀温度将升高 3℃,工件热伸长量 $\Delta = 3\,000 \times 12 \times 10^{-6} \times 3 = 0.1$ mm($12 \times 10^{-6}$ 为钢材的热膨胀系数)。而 6 级丝杠螺距积累误差,按规定在全长上不许超过 0.02 mm,可见受热变形对加工精度影响的严重性。

床身导轨面的磨削,由于单面受热,与底面产生温差而引起热变形,使磨出的导轨产生直线度误差。

薄圆环磨削,虽近似均匀受热,但磨削时磨削热量大,工件质量小,温升高,在夹压处散热条件较好,该处温度较其他部分低,加工完毕工件冷却后,会出现棱圆形的圆度误差。

当粗精加工时间间隔较短时,粗加工时的热变形将影响到精加工,工件冷却后将产生加工误差。

**5. 减少工艺系统热变形的主要途径**

1)减少发热和隔热

为了减少机床的热变形,凡是能分离出去的热源,一般都有分离出去的趋势。如电动机、齿轮箱、液压装置和油箱等已有不少分离出去的实例。对于不能分离出去的热源,如主轴轴承、丝杠副、高速运动的导轨副、摩擦离合器等,可从结构和润滑等方面改善其摩擦特性,减少发热,例如采用静压轴承、静压导轨、低黏度润滑油、锂基润滑脂等。

2)加强散热能力

为了消除机床内部热源的影响,可以采用强制冷却的办法,吸收热源发出的热量,从而控制机床的温升和热变形,这是近年来使用较多的一种方法。

目前,大型数控床机、加工中心机床都普遍使用冷冻机对润滑油和切削液进行强制冷却,以提高冷却的效果。

3)用热补偿法减少热变形的影响

单纯的减少温升有时不能收到满意的效果,可采用热补偿法使机床的温度场比较均匀,从而使机床产生均匀的热变形以减少对加工精度的影响。

4)控制温度的变化

环境温度的变化和室内各部分的温差,将使工艺系统产生热变形,从而影响工件的加工精度和测量精度。因此,在加工或测量精密零件时,应控制室温的变化。精密机床(如精密磨床、坐标镗床、齿轮磨床等)一般安装在恒温车间,以保持其温度的恒定。恒温精度一般控制在 ±1 ℃,精密级为 ±0.5 ℃,超精密级为 ±0.01 ℃。

# 五、齿轮常用加工设备及刀具

## 1. 齿轮加工机床

齿轮加工机床按照加工原理不同分为滚齿机、插齿机、拉齿机、铣齿机、珩齿机、剃齿机和磨齿机等;按照被加工齿轮种类可分为圆柱齿轮加工机床和锥齿轮加工机床两大类。

滚齿机(见图3-33)是用滚刀按展成法加工直齿、斜齿、人字齿轮和蜗轮等,加工范围广,可达到高精度或高生产率;插齿机是用插齿刀按展成法加工直齿、斜齿齿轮和其他齿形件,主要用于加工多联齿轮和内齿轮;铣齿机是用成形铣刀按分度法加工,主要用于加工特殊齿形的仪表齿轮;剃齿机(见图3-34)是用齿轮式剃齿刀加工齿轮的一种高效机床;磨齿机是用砂轮,精加工淬硬圆柱齿轮或齿轮刀具齿面的高精度机床;珩齿机是利用珩轮与被加工齿轮的自由啮合,消除淬硬齿轮毛刺和其他齿面缺陷的机床。

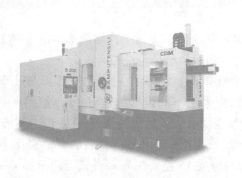

图3-33 S200 CDM 型滚齿机

图3-34 YA4232CNC 型剃齿机

### 2. 齿轮加工机床的选用

选用齿轮加工机床时,应根据待加工齿轮的形状、精度、模数、直径等参数及机床型号参数综合选择。

1)齿轮形状与精度

不同齿轮加工机床适合加工的齿轮不同,如插齿机不能加工人字形齿轮。同时,不同加工原理的机床,其齿轮加工精度不同,如表3-10所示。所以应先根据齿轮形状及精度确定齿轮加工机床类型。

2)齿轮模数及直径

不同机床可加工的齿轮最大模数、齿轮最大直径不同,选择机床时,应从最大加工模数、最大加工直径等方面考虑待选机床能否加工待加工齿轮。

3)机床功率

机床功率决定了各工序的最大进给量。为提高生产效率,若在粗加工中安排的进给量较大,这时需要的机床功率较大,选择机床时考虑机床功率。

### 3. 齿轮加工常用刀具

齿轮刀具是用于加工齿轮齿形的刀具,由于齿轮的种类很多,其生产批量和质量的要求以及加工方法又各不相同,所以齿轮加工刀具的种类也较多。

1)齿轮刀具的分类

(1)按照加工的齿轮类型来分,可分为以下三类。

□ 圆柱齿轮刀具:圆柱齿轮刀具又可分为渐开线圆柱齿轮刀具(盘形齿轮铣刀、指形齿轮铣刀、齿轮滚刀、插齿刀、剃齿刀等)和非渐开线圆柱齿轮刀具(圆弧齿轮滚刀、摆线齿轮滚刀、花键滚刀等)。

□ 蜗轮刀具:如蜗轮滚刀、蜗轮飞刀等。

□ 锥齿轮刀具。

(2)按刀具的工作原理分,可分为以下两类。

□ 成形齿轮刀具:这类刀具的切削刃的廓形与被加工齿轮端剖面内的槽形相同。如盘形齿轮铣刀、指形齿轮铣刀等。

　　□ 展成齿轮刀具：这类刀具加工齿轮时，刀具本身就是一个齿轮，它和被加工齿轮各自按啮合关系要求的速比转动，而由刀具齿形包络出齿轮的齿形，如齿轮滚刀、插齿刀、剃齿刀等。

　　2）齿轮铣刀

　　用模数盘形齿轮铣刀铣削直齿圆柱齿轮时，刀具廓形应与工件端剖面内的齿槽的渐开线廓形相同，根据形状的不同分为盘形齿轮铣刀和和指形齿轮铣刀两钟。

　　当被铣削齿轮的模数、压力角相等，而齿数不同时，其基圆直径也不同，因而渐开线的形状（弯曲程度）也不同。因此铣削不同的齿数，应采用不同齿形的铣刀，即不能用一把铣刀铣制同一模数中所有齿数的齿轮齿形。这样就需要有大量的齿轮铣刀，在生产上不经济，而且对于小于9级的齿轮来说也没有必要。为此，在生产中是将同一模数的齿轮铣刀，按渐开线的弯曲度相近的齿数，分成8把一组（精确的分成15把一组），每种铣刀用于加工一定齿数范围的一组齿轮。

表 3 - 12　　8 把一组的齿轮铣刀刀号及加工齿数范围

| 刀号 | 1 | 2 | 3 | 4 | 5 | 6 | 7 | 8 |
|---|---|---|---|---|---|---|---|---|
| 加工齿数范围 | 12 ~ 13 | 14 ~ 16 | 17 ~ 20 | 21 ~ 25 | 26 ~ 34 | 35 ~ 54 | 55 ~ 134 | ≥135 |

　　用盘形铣刀铣制斜齿轮时，铣刀是在齿轮法剖面中进行成形铣削的。选择刀号时，铣刀模数应依照被切齿轮的法向模数 $m_n$ 和法剖面中的当量齿轮的当量齿数 $Z_v$ 选择。

$$Z_v = Z/\cos^3\beta$$

式中　　$\beta$——斜齿轮螺旋角（°）；

　　　　$Z_v$——当量齿数；

　　　　$Z$——斜齿轮齿数。

　　3）齿轮滚刀

　　齿轮滚刀是加工渐开线齿轮所用的齿轮加工刀具，如图 3 - 16 所示。由于被加工齿轮是渐开线齿轮，所以它本身也具有渐开线齿轮的几何特性。齿轮滚刀实际上是仅有少数齿，但齿很长而螺旋角又很大的斜齿圆柱齿轮，因为它的齿很长而螺旋角又很大，可以绕滚刀轴线转好几圈，因此，从外貌上看，它很像蜗杆。

　　为了使这个蜗杆能起切削作用，须沿其长度方向开出好多容屑槽，因此把蜗杆上的螺纹割成许多较短的刀齿，并产生了前刀面和切削刃。每个刀齿有一个顶刃和两个侧刃。为了使刀齿有后角，还要用铲齿方法铲出侧后面和顶后刀面。

　　标准齿轮滚刀精度分为 AA、A、B、C 四个等级级。加工时按照齿轮精度的要求，选用相应的齿轮滚刀。AA 级滚刀可以加工 6 ~ 7 级齿轮；A 级可以加工 7 ~ 8 级齿轮；B 级可加工 8 ~ 9 级齿轮；C 级可加工 9 ~ 10 级齿轮。

　　4）插齿刀

　　插齿刀可分为直齿插齿刀和斜齿插齿刀两类。根据机械工业颁布的刀具标准 JB 2496—78 规定，直齿插齿刀又分为以下三种结构型式。

　　（1）盘形直齿插齿刀。如图 3 - 35 所示，这是最常用的一种结构型式，用于加工直齿外齿轮和大直径的内齿轮。不同规范的插齿机应选用不同分圆直径的插齿刀。

（2）碗形直齿插齿刀。它以内孔和端面定位，夹紧螺母可容纳在刀体内，主要用于加工多联齿轮和带凸肩的齿轮。

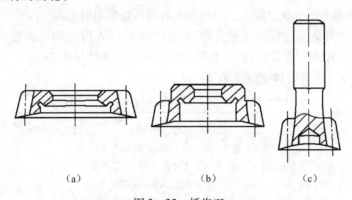

（a）　　　　　　　　（b）　　　　　　　　（c）

图 3 - 35　插齿刀

(a)盘形插齿刀；(b)碗形插齿刀；(c)锥柄插齿刀

（3）锥柄直齿插齿刀。这种插齿刀的公称分圆直径有 25 mm 和 38 mm 两种。因直径较小，不能做成套装式，所以做成带有锥柄的整体结构型式。这种插齿刀主要用于加工内齿轮。

插齿刀有 3 个精度等级：AA 级适用于加工 6 级精度的齿轮；A 级适用于加工 7 级精度的齿轮；B 级适用于加工 8 级精度的齿轮。应该根据被加工齿轮的传动平稳性精度等级选取。

综合考虑齿轮批量、尺寸、精度及其形状等实际情况，选用 CA6140 普通车床、B5020E 插床、S200 CDM 型滚齿机和 Y5714 剃齿机等加工设备。

外圆、端面、内孔的加工采用 CA6140 车床；齿形的粗加工采用 S200 CDM 型滚齿机加工，精加工采用 Y5714 剃齿机加工；键槽加工采用 B5020E 插床加工。

# 步骤七　齿轮热处理方法确定

## 一、齿轮热处理方法

齿轮热处理工艺一般有调质正火、渗碳（或碳氮共渗）、氮化、感应淬火等四类。

调质处理通常用于中碳钢和中碳合金钢齿轮。调质后材料的综合性能良好，容易切削和跑合。正火处理通常用于中碳钢齿轮。正火处理可以消除内应力，细化晶粒，改善材料的力学性能和切削性能。

硬齿面齿轮，硬度大于 350 HBS 时，常采用表面淬火、表面渗碳淬火与渗氮等热处理方法。表面淬火处理通常用于中碳钢和中碳合金钢齿轮。经过表面淬火后齿面硬度一般为 40～55 HRC，增强了轮齿齿面抗点蚀和抗磨损的能力，齿芯仍然保持良好的韧性，故可以承受一定的冲击载荷。渗碳淬火齿轮可以获得高的表面硬度、耐磨性、韧性和抗冲击性能，能提供高的抗点蚀、抗疲劳性能。

　　与大齿轮相比,小齿轮循环次数较多,而且齿根较薄。两个软齿面齿轮配对时,一般使小齿轮的齿面硬度比大齿轮高出 30～50 HBS,以使一对软齿面传动的大小齿轮的寿命接近相等,也有利于提高轮齿的抗胶合能力。而两个硬齿面齿轮配对时的大小齿轮的硬度大致相同。

　　现在齿轮热处理的主要诉求是提高齿面硬度,渗碳淬火齿轮的承载能力可比调质齿轮提高 2～3 倍,使用较多。但采用何种材料及热处理方法应视具体需要及可能性而定,如表 3-13 所示。常见齿轮热处理案例见表 3-14。

表 3-13　不同材料的热处理特点及适用条件

| 材　料 | 热处理 | 特　点 | 适 用 条 件 |
|---|---|---|---|
| 调质钢 | 调质或正火 | 具有较好的强度和韧性,常在 20～300 HBS 的范围内使用;当受刀具的限制而不能提高小齿轮硬度时,为保持大小齿轮之间的硬度差,可使用正火的大齿轮,但强度较调质者差;不需要专门的热处理设备和齿面精加工设备,制造成本低;齿面硬度较低,易于跑合,但是不能充分发挥材料的承载能力 | 广泛应用于强度和精度要求不太高的一般中低速齿轮传动以及热处理和齿面精加工困难的大型齿轮 |
|  | 高频淬火 | 齿面硬度高,具有较强的抗点蚀和耐磨性能;芯部具有较好的韧性,表面经硬化后产生的残余压缩应力,大大提高齿根强度;通常的齿面硬度范围是合金钢 45～55 HRC,碳素钢 40～50 HRC;为进一步提高芯部的强度,往往在高频淬火前先调质;为消除热处理变形,需要磨齿,增加了加工时间和成本,但是可以获得高精度的齿轮;表面硬化层深度和硬度沿齿面不等;由于急速加热和冷却,容易淬裂 | 广泛用于要求承载能力高、体积小的齿轮 |
| 氮化钢 | 氮化 | 可以获得很高的齿面硬度,具有较强的抗点蚀和耐磨性能;芯部具有较好的韧性,为提高芯部强度,对中碳钢往往先调质;由于加热温度低,所以变形小,氮化后不需磨齿;硬化层很薄,因此承载能力不及渗碳淬火齿轮,不宜用于冲击载荷条件下;成本较高 | 适用于较大载荷下工作的齿轮以及没有齿面精加工设备而又需要硬齿面的条件下 |
| 铸钢 | 正火或调质及高频淬火 | 可以制造复杂形状的大型齿轮;其强度低于同种牌号和热处理的调质钢;容易产生铸造缺陷 | 用于不能锻造的大型齿轮 |

表 3-14　常见齿轮热处理案例

| 工 作 条 件 | 材料及热处理 | 工 作 条 件 | 材料及热处理 |
|---|---|---|---|
| 低速、轻载、不受冲击 | HT200 HT250 HT300 去应力退火 | 低速(<1m/s)、轻载,如车床溜板齿轮 | 45 调质,HB200-250 |
| 低速、中载,如标准系列减速器齿轮 | 45 40Cr 40MnB 调质 HB220-250 | 中速、中载、无猛烈冲击,如机床主轴箱齿轮 | 40Cr 42MnVB 淬火 中温回火 HRC40-45 |
| 高速、轻载 | 15 20 20Cr 20MnVB 渗碳淬火 低温回火 HRC56-62 | 载荷不高的大齿轮,如大型龙门刨齿轮 | 50Mn2 50 65Mn 淬火 空冷 HB<241 |

## 二、齿轮加工不同阶段的热处理

齿轮加工中一般会在锻造或铸造后、齿形加工过程中进行热处理。

**1. 锻造或铸造后的毛坯热处理**

（1）目的：消除锻造及粗加工所引起的残余应力，改善材料的切削性能和提高综合力学性能。

（2）热处理工序：正火或调质。

**2. 齿形加工过程中的热处理**

（1）目的：提高齿面的硬度和耐磨性。

（2）热处理工序：退火、渗碳淬火、高频淬火、碳氮共渗或氮化处理等。

## 三、齿轮热处理常用设备

热处理设备是对零件进行退火、回火、淬火、加热等热处理工艺操作的设备。现有的热处理设备种类较多，如渗碳炉、真空炉、回火炉、焙烧炉、箱式炉、硝盐炉、时效炉、感应炉、盐浴炉、退火炉、淬火炉等，如图 3-36 至图 3-39 所示。

选用的热处理设备应在满足热处理工艺要求的基础上，应有较高的生产率、热效率和低能耗。通常，当产品有足够批量时，选用专用设备有最好的节能效果。满载的连续式炉的热效率高于间隙式炉。

图 3-36　渗碳炉

图 3-37　回火炉

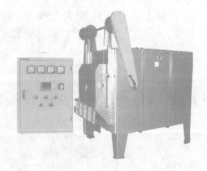

图 3-38　淬火炉

图 3-39　齿面退火

**实践**

该齿轮要求齿轮表面需淬火,齿面硬度达 58~64 HRC,芯部硬度为 35~48 HRC,材料选用 45 钢,根据表 3-3 及本节相关知识,采用调质后淬火可满足要求。

# 步骤八　加工余量和工序尺寸的确定

 **相关知识**

在实际生产中,齿轮加工余量应考虑工件的结构形状、生产数量、车间设备条件及工人技术等级等各项因素,酌情修正后选取,如表 3-15 所示。

**表 3-15　齿轮齿形的机械加工余量**

| 齿轮模数 $m$ | | 2 | 3 | 4 | 5 | 6 | 7 | 8 | 9 | 10 | 11 | 12 |
|---|---|---|---|---|---|---|---|---|---|---|---|---|
| 精滚、精插余量 $a$ | | 0.6 | 0.75 | 0.9 | 1.05 | 1.2 | 1.35 | 1.5 | 1.7 | 1.9 | 2.1 | 2.2 |
| 剃齿余量 $a$ | 齿轮直径 | ≤50 | 0.08 | 0.09 | 0.1 | 0.11 | 0.12 | — | — | — | — | — | — |
| | | 50~100 | 0.09 | 0.1 | 0.11 | 0.12 | 0.14 | — | — | — | — | — | — |
| | | 100~200 | 0.12 | 0.13 | 0.14 | 0.15 | 0.16 | — | — | — | — | — | — |
| 磨齿余量 $a$ | | 0.15 | 0.2 | 0.23 | 0.26 | 0.29 | 0.32 | 0.35 | 0.38 | 0.4 | 0.45 | 0.5 |
| 渗碳齿轮余量 $a$ | 齿轮直径 | 40~50 | — | — | — | — | — | — | — | — | 0.45 | 0.5 | 0.6 |
| | | 50~75 | — | — | — | — | — | 0.45 | 0.5 | 0.55 | 0.6 | 0.65 | 0.7 |
| | | 75~100 | — | — | — | 0.45 | 0.5 | 0.55 | 0.6 | 0.65 | 0.7 | 0.75 | 0.8 |
| | | 100~150 | — | 0.45 | 0.5 | 0.55 | 0.6 | 0.65 | 0.7 | 0.75 | 0.8 | — | — |
| | | 150~200 | 0.5 | 0.55 | 0.6 | 0.65 | 0.7 | 0.75 | — | — | — | — | — |
| | | 200 | 0.6 | 0.65 | 0.7 | 0.75 | — | — | — | — | — | — | — |
| 锥齿轮精加工余量 $a$ | | 0.4 | 0.5 | 0.57 | 0.65 | 0.72 | 0.8 | 0.87 | 0.93 | 1.0 | 1.07 | 1.5 |
| 蜗轮精加工余量 $a$ | | 0.8 | 1.0 | 1.2 | 1.4 | 1.6 | 1.8 | 2.0 | 2.2 | 2.4 | 2.6 | 3.0 |
| 蜗杆精加工余量 $a$ | 粗铣后精车 | 0.8 | 1.0 | 1.2 | 1.3 | 1.4 | 1.5 | 1.6 | 1.7 | 1.8 | 1.9 | 2.0 |
| | 淬火后精磨 | 0.2 | 0.25 | 0.3 | 0.35 | 0.4 | 0.45 | 0.5 | 0.55 | 0.6 | 0.7 | 0.8 |

 **实践**

**1. 齿坯加工余量确定**

根据国家标准、产品批量及企业设备现状,同时考虑该零件采用砂型铸造等实际,现确定齿坯加工余量为精车外圆余量 0.5 mm、粗车外圆余量 6 mm,则毛坯外圆为 166.5 mm;精车端面余量 0.3 mm、粗车端面余量 3 mm,则毛坯厚度为 39.3 mm。粗车内孔余量 4 mm,精车内孔余量 0.5 mm,则毛坯内孔为 40.5 mm。

**2. 齿形加工余量确定**

该齿轮齿形的加工方案是插齿轮后选用剃齿方案,插齿时为剃齿留加工余量为 0.12 mm。

---

**注:**

确定加工余量时,必须结合企业实际、产品具体情况确定。

步骤九 工艺卡片填写

| 机械加工工艺过程卡 | 产品型号 | | 零(部)件图号 | | 共( )页 | 第( )页 | |
|---|---|---|---|---|---|---|---|
| | 产品名称 | | 零(部)件名称 | | | | |
| 材料牌号 HT200 | 毛坯种类 铸件 | 毛坯外形尺寸 | | 每个毛坯可制件数 1 | 每台件数 1 | 备注 | |

| 工序号 | 工序名称 | 工序内容 | 车间 | 工段 | 设备 | 工艺装备 | 工时 准终 | 工时 单件 |
|---|---|---|---|---|---|---|---|---|
| 10 | 铸造 | 铸造毛坯 | 铸造车间 | | | | | |
| 20 | 热处理 | 正火 | 热处理车间 | | | | | |
| 30 | 粗车 | 夹工件外圆，按毛坯找正，照顾工件各部毛坯尺寸，车内径至φ44.5，车端面，保证端面距箱板测面尺寸13 mm，齿轮外圆车至φ160.5 | 机加工车间 | | CA6140 | 卡爪 | | |
| 40 | 粗车 | 掉头，夹φ160.5 处，找正φ44.5 内径，车端面，保证端面距箱板测侧面尺寸13 mm，车齿轮外圆至φ160.5 接刀 | 机加工车间 | | CA6140 | 卡爪 | | |
| 50 | 划线 | 参考轮辐厚度，划各部加工线 | 机加工车间 | | | 卡爪 | | |
| 60 | 精车 | 夹φ160.5 外圆（参考划线）加工齿轮一端面各部至图样尺寸，内径加工至φ45H8，外圆加工至φ160 尺寸φ160 | 机加工车间 | | CA6140 | 卡爪 | | |
| 70 | 精车 | 掉头，以φ160 定位装夹工件，内径找正，车工件另一端各部至图样尺寸，保证工件总厚度尺寸36 mm，外圆加工至φ160 接刀 | 机加工车间 | | CA6140 | 卡爪 | | |
| 80 | 划线 | 划14 mm 键槽加工线 | 机加工车间 | | | | | |
| 90 | 插键槽 | 以φ160 外圆及一端面定位装夹工件，插键槽14 mm | 机加工车间 | | B5020 | 组合夹具 | | |

| 工序号 | 工序名称 | 工序内容 | 车间 | 设备 | 工艺装备 |
|---|---|---|---|---|---|
| 100 | 滚齿 | 以$\phi45$及一端面定位滚齿，$m=2$、$z=77$、$\alpha=20°$，为剃齿留余量 | 机加工车间 | S200 CDM | 专用心轴 |
| 110 | 倒角 | 以$\phi45$及一端面定位，加工齿端$4\times C2$ | 机加工车间 | | 组合夹具 |
| 120 | 表面淬火 | | 热处理车间 | | |
| 130 | 修正基准 | 以外圆和一端面定位，磨内孔 | 机加工车间 | M2200 | 组合夹具 |
| 140 | 剃齿 | 以$\phi45$及一端面定位剃齿，$m=2$、$z=77$、$\alpha=20°$ | 机加工车间 | Y5714 | 组合夹具 |
| 150 | 检验 | 按图样检验装配工件各部尺寸及精度 | | | |
| 160 | 入库 | 涂油入库 | | | |

| 描图 | | | | |
| 描校 | | | | |
| 底图号 | | | | |
| 装订号 | | 设计（日期） | 审核（日期） | 标准化（日期） | 会签（日期） |

| 标记 | 处数 | 更改文件号 | 签字 | 日期 | | 标记 | 处数 | 更改文件号 | 签字 | 日期 |

## 巩固与拓展

### 一、巩固自测

(1)齿轮加工有哪些常用的方法?

(2)盘套类齿轮的齿形加工常采用什么定位基准?

(3)常用的齿形加工方案有哪些?

(4)提高机床主轴回转精度有哪些途径?

(5)什么是工艺系统,工艺系统误差来源包括哪些?

(6)什么是复映误差,什么是误差复映系数,采用什么措施减少复映误差?

(7)简述大批量生产时,常用的齿坯加工方案是什么。

(8)齿轮加工常用的热处理有哪些,各有什么作用?

(9)引起工艺系统热变形的因素有哪些,一般采取什么措施?

(10)如何选用齿轮加工机床?

### 二、拓展任务

(1)仔细阅读《自主学习手册》齿轮加工工艺案例,研讨后谈谈自己的体会。

(2)仔细阅读《自主学习手册》齿形检测,研讨后谈谈自己的体会。

(3)根据任务三的工作步骤及方法,利用所学知识,自主完成矩形齿花键套(如图3-40所示)加工工艺编制。并填写《自主学习手册》中的"矩形齿花键工艺编制工作单"及"机械加工工艺过程卡"。该零件的技术要求热处理28~32 HRC,未注倒角为1×45°。

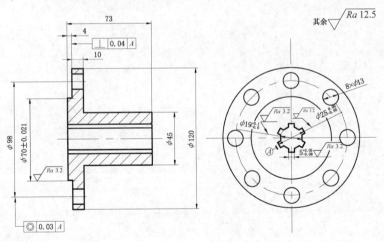

图3-40　矩形齿花键套

机械加工工艺制订

# 任务 四

# 箱体零件加工工艺编制

## 任务目标

通过本任务的学习,学生掌握以下职业能力:

☐ 正确分析箱体零件的结构特点及技术要求;

☐ 根据箱体类零件结构及技术要求,合理选择零件材料、毛坯及热处理方式;

☐ 合理选择箱体类零件加工方法及刀具,科学安排加工顺序;

☐ 能够分析设计箱体类零件装夹夹具;

☐ 合理确定箱体类零件加工余量及工序尺寸;

☐ 正确、清晰、规范填写箱体加工工艺文件。

## 任务描述

### ● 任务内容

某厂设计制造各型号减速器,拥有多种加工设备,具体见表2-1。图2-1为某型号减速器的装配图,年产量为150台。图4-1、图4-2是该减速器箱体示意图和零件图,备品率为4%,废品率约为1%,请分析该箱体,确定生产类型,选择毛坯类型及合理的制造方法,选取定位基准和加工装备,拟订工艺路线,设计加工工序,并填写工艺文件。

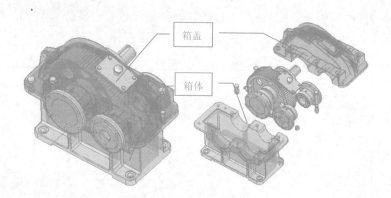

图4-1    减速器箱体示意

### ● 实施条件

(1)减速器装配图、箱体零件图、多媒体课件及必要的参考资料,以供学生自主学习时获取必要的信息,教师引导、指导学生实施任务时提供必要的答疑。

(2)工作单及工序卡,供学生获取知识和任务实施时使用。

### ● 箱体零件简介

箱体是各类机器的基础零件,它将机器和部件中的轴、套、齿轮等有关零件连接成一个整体,并使之保持正确的位置,以传递转矩或改变转速来完成规定的运动。因此,箱体的加

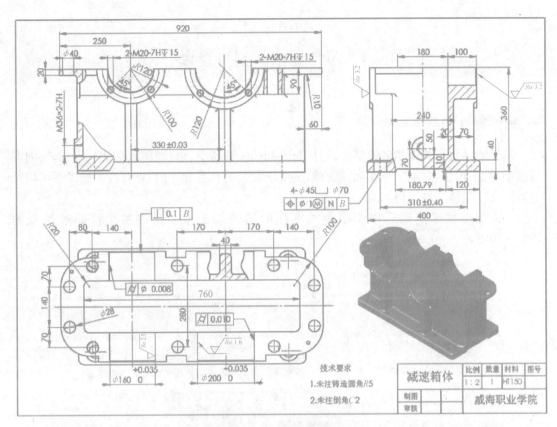

图 4-2　减速器箱体零件

工质量将直接影响机器或部件的精度、性能和寿命。

　　箱体的种类很多,按其功用,可分有主轴箱、变速箱、操纵箱、进给箱等。根据箱体的结构形式不同,可分为整体式箱体和分离式箱体(见图 4-3)。前者用整体铸造、整体加工方法制造,加工较困难,但装配精度高;后者可分别制造,便于加工和装配,但增加了装配工作量。

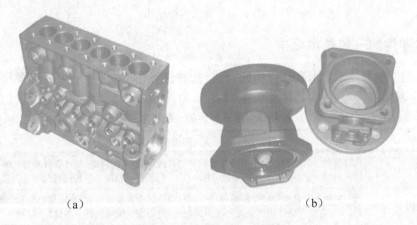

　　　　　　(a)　　　　　　　　　　　　　　　(b)

图 4-3　箱体零件分类

(a)整体式箱体;(b)分离式箱体

# 程序与方法

## 步骤一　生产类型的确定与结构技术要求分析

　知识准备

### 一、箱体零件的典型结构

箱体的结构形式虽然多种多样,但仍有共同的主要特点:形状复杂、壁薄且不均匀,内部呈腔形,加工部位多,加工难度大,既有精度要求较高的孔系和平面,也有许多精度要求较低的紧固孔。箱体零件结构如图4-4所示。

一般中型机床制造厂用于箱体类零件的机械加工劳动量占整个产品加工量的15%～20%。

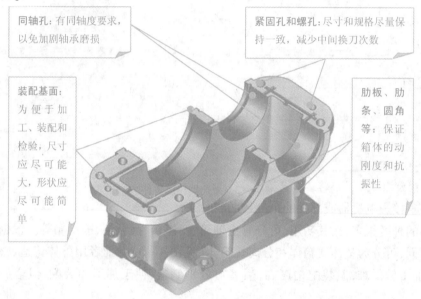

同轴孔:有同轴度要求,以免加剧轴承磨损

紧固孔和螺孔:尺寸和规格尽量保持一致,减少中间换刀次数

装配基面:为便于加工、装配和检验,尺寸应尽可能大,形状应尽可能简单

肋板、肋条、圆角等:保证箱体的动刚度和抗振性

图4-4　箱体零件结构

### 二、箱体零件的一般技术要求

箱体零件一般技术要求有孔径精度、孔与孔的位置精度、孔与平面的位置精度、主要平面的精度、表面结构等五项,具体见表4-1。

表4-1　箱体零件的一般技术要求

| 分　类 | 一般技术要求 |
|---|---|
| 孔径精度 | 孔径的尺寸误差和形状误差会造成轴承与孔的配合不良,因此,箱体零件对孔的精度要求较高。主轴孔的尺寸公差为IT6,其余孔为IT6～IT7。孔的形状精度一般控制在尺寸公差范围内即可 |
| 孔与孔的相互位置精度 | 同一轴线上各孔的同轴度误差和孔端面对轴线的垂直度误差,会使轴和轴承装配到箱体内出现歪斜,从而造成主轴径向圆跳动和轴向圆跳动,也加剧了轴承磨损。为此,一般同轴上各孔的同轴度约为最小孔尺寸公差之半。孔系之间的平行度误差会影响齿轮的啮合质量,可按齿轮公差查找 |
| 孔和平面的相互位置精度 | 轴承孔和箱体安装基面的平行度要求,决定了主轴和机床其他零件的相互位置关系 |

| 分　类 | 一般技术要求 |
|---|---|
| 主要平面的精度 | 装配基面的平面度影响减速箱连接时的接触刚度,并且加工过程中常作为定位基面,则会影响孔的加工精度,因此规定底面必须平直。对合面的平面度要求是为了保证箱盖的密封,防止工作时润滑油的泄出;当大批大量生产将其顶面用作定位基面加工孔时,对它的平面度要求还要提高 |
| 表面结构 | 主轴孔和主要平面的表面结构会影响连接面的配合性质或接触刚度。一般主轴孔表面结构参数为 1.6 $\mu$m,孔的内端面表面结构参数为 3.2 $\mu$m,装配基准面和定位基准表面结构参数为 0.63 ~ 2.5 $\mu$m,其他平面的表面结构参数为 2.5 ~ 10 $\mu$m |

　实践

### 1. 生产类型的确定

该减速器计划每年生产 150 台,备品率为 4%,从动轴废品率为 1%,该箱体每台减速器需 1 个,其生产纲领为

$$N = 150 \times 1 \times (1 + 4\%) \times (1 + 1\%) = 157.56 \approx 158$$

查表 1 – 7 可知(减速器是轻型机械),生产类型属于小批量生产,其工艺特征是:

(1)生产效率不高,但需要熟练的技术工人;

(2)毛坯可用木模手工造型铸件;

(3)加工设备采用通用机床;

(4)工艺装备采用通用夹具,专、通用刀具,标准量具;

(5)工艺文件需编制加工工艺过程卡和关键工序卡。

注:
生产纲领、生产类型相关知识请参考任务一步骤二的相关内容。

### 2. 结构与技术要求

减速器箱体是典型的箱体类零件,其结构属于分离式,形状复杂,壁薄且壁厚不均匀,外部为了增加其强度有很多加强筋;有精度较高的多个平面、轴承孔和精度适中的螺孔等需要加工。

对合面有平面度要求,轴承孔表面结构参数为 1.6 $\mu$m 和 2.5 $\mu$m,轴承孔端面表面结构参数为 3.2 $\mu$m;轴承孔直径、两轴承孔间距、底座安装孔间距有尺寸公差要求,轴承孔的圆柱度公差为 $\phi$0.008,端面对轴承孔轴线的垂直度公差为 0.1 mm,底座安装孔轴线对轴承孔轴线及底面的位置度公差为 $\phi$1。

## 步骤二　材料、毛坯及热处理

　知识准备

## 一、箱体零件的材料、毛坯及热处理

### 1. 箱体零件的材料

箱体零件内腔复杂,应选用易于成形的材料和制造方法。铸铁容易成形、切削性能好、价格低廉,并且具有良好的耐磨性和减振性。因此,箱体零件常选用 HT200 ~ HT400 各种牌号的灰铸铁,其中 HT200 最为常用。

对于较精密的箱体零件,如坐标镗床主轴箱,应选用耐磨铸铁。某些简易机床的箱体零件或小批量、单件生产的箱体零件,为了缩短毛坯制造周期和降低成本,可采用钢板焊接结构。某些大负荷的箱体零件有时也根据设计需要,采用铸钢件毛坯。在特定条件下,为了减

轻质量,可采用铝镁合金或其他铝合金制作箱体毛坯,如航空发动机箱体等。

**2. 箱体零件的毛坯**

铸件毛坯的精度和加工余量是根据生产批量而定的。对于单件小批量生产,一般采用木模手工造型。这种毛坯的精度低,加工余量大,其平面余量一般为 7~12 mm,孔在半径上的余量为 8~14 mm。在大批大量生产时,通常采用金属模机器造型。此时毛坯的精度较高,加工余量可适当减低,则平面余量为 5~10 mm,孔(半径上)的余量为 7~12 mm。为了减少加工余量,对于单件小批生产直径大于 50 mm 的孔和成批生产大于 30 mm 的孔,一般都要在毛坯上铸出预孔。另外,在毛坯铸造时,应防止砂眼和气孔的产生;应使箱体零件的壁厚尽量均匀,以减少毛坯制造时产生的残余应力。

**3. 箱体零件的热处理**

热处理是箱体零件加工过程中的一个十分重要的工序,需要合理安排。由于箱体零件的结构复杂,壁厚也不均匀,因此,在铸造时会产生较大的残余应力。为了消除残余应力,减少加工后的变形和保证精度的稳定,在铸造之后必须安排人工时效处理。人工时效的工艺规范为:加热到 500~550 ℃,保温 4~6 h,冷却速度小于或等于 30 ℃/h,出炉温度小于或等于 200 ℃。

普通精度的箱体零件,一般在铸造之后安排一次人工时效处理。对一些高精度或形状特别复杂的箱体零件,在粗加工之后还要安排一次人工时效处理,以消除粗加工所造成的残余应力。

有些精度要求不高的箱体零件毛坯,有时不安排时效处理,而是利用粗、精加工工序间的停放和运输时间,进行自然时效。

箱体零件人工时效的方法,除了加热保温法外,也可采用振动时效来达到消除残余应力的目的。

箱体毛坯的制造方法如图 4-5 所示。

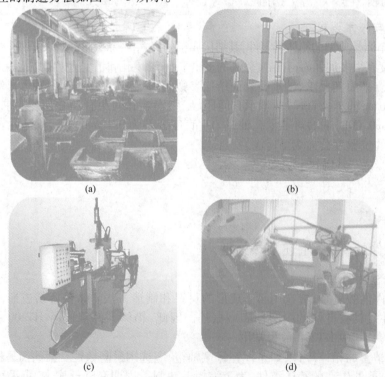

(a)　　　　　　　　　　　　　　　(b)

(c)　　　　　　　　　　　　　　　(d)

图 4-5　箱体毛坯制造方法

(a)箱体铸造车间;(b)箱体喷刃清砂;(c)箱体类焊接专机;(d)箱体机器人焊接工作站

## 二、铸造方法选择原则

> **注：**
> 铸件造型方法请参考任务三步骤三的相关内容。

### 1. 优先采用砂型铸造

据统计，在全部铸件中60%～70%是用砂型生产的，其中70%左右是用黏土砂型生产的。主要原因是砂型铸造比其他铸造方法成本低、生产工艺简单、生产周期短。如汽车的发动机气缸体、气缸盖、曲轴等铸件都是采用黏土湿型砂工艺生产。当湿型不能满足要求时，再考虑使用黏土砂干砂型、干砂型或其他砂型。黏土湿型砂铸造的铸件质量可从几千克直到几十千克，黏土干型生产的铸件可重达几十吨。

一般来讲，对于中大型铸件，铸铁件可以用树脂自硬砂型、铸钢件可以用水玻璃砂型来生产，可以获得尺寸精确、表面光洁的铸件，但成本较高。

当然，砂型铸造生产的铸件精度、表面结构、材质的密度和金相组织、力学性能等方面往往较差，所以当铸件的这些性能要求更高时，应该采用其他铸造方法，例如熔模（失蜡）铸造、压铸、低压铸造等。

### 2. 铸造方法应和生产批量相适应

对于砂型铸造，大量生产的工厂应创造条件采用技术先进的造型、造芯方法。老式的振击式或振压式造型机生产线生产率不高，工人劳动强度大，噪声大，不适应大量生产的要求，应逐步加以改造。

对于小型铸件，可以采用水平分型或垂直分型的无箱高压造型机生产线、实型造型，生产效率高，占地面积也少。

对于中件可选用各种有箱高压造型机生产线、气冲造型线，以适应快速、高精度造型生产线的要求。造芯方法可选用冷芯盒、热芯盒、壳芯等高效制芯方法。

中等批量的大型铸件可以考虑应用树脂自硬砂造型和造芯。

单件小批生产的重型铸件，手工造型仍是重要的方法，手工造型能适应各种复杂的要求，比较灵活，不要求很多工艺装备。可以应用水玻璃砂型、VRH法水玻璃砂型、有机酯水玻璃自硬砂型、黏土干型、树脂自硬砂型及水泥砂型等；对于单件生产的重型铸件，采用地坑造型法，成本低，投产快。批量生产或长期生产的定型产品采用多箱造型、劈箱造型法比较适宜，虽然模具、砂箱等开始投资高，但可从节约造型工时、提高产品质量方面得到补偿。

低压铸造、压铸、离心铸造等铸造方法，因设备和模具的价格昂贵，所以只适合批量生产。

### 3. 造型方法应适应工厂条件

同样是生产大型机床床身等铸件，一般采用组芯造型法，不制作模样和砂箱，在地坑中组芯；而另外的工厂则采用砂箱造型法，制作模样。不同的企业生产条件（包括设备、场地、员工素质等）、生产习惯、所积累的经验各不一样，应该根据这些条件考虑适合做什么产品和不适合（或不能）做什么产品。

### 4. 要兼顾铸件的精度要求和成本

各种铸造方法所获得的铸件精度不同，初投资和生产率也不一致，最终的经济效益也有差异。因此,要做到多快好省,应当兼顾到各个方面,对所选用的铸造方法进行初步的成本估算,以确定经济效益高又能保证铸件要求的铸造方法。

　实践

　　减速器箱体的毛坯材料选择 HT150。此材料价格便宜,且含有石墨成分,其耐磨性好、消振性能好;由于该种铸铁中硅含量高且成分接近于共晶成分,其流动性、填充性能好,即铸造性能好;由于石墨的存在使切屑容易脆断,不粘刀,切削性能好。缺点是力学性能低,易导致应力集中,因而其强度、塑性及韧性低于碳钢。

　　该减速器为一般用途的小批量生产、箱体外表面的精度要求不高,砂型铸造能满足要求,且木模手工造型成本较低,所以采用手工木模造型,同时为降低硬度采用人工时效的热处理方式。

# 步骤三　工艺过程分析及基准选择

　知识准备

## 一、箱体零件加工工艺特点

　　箱体零件的批量不同,其工艺有所不同,但不同批量箱体零件加工工艺过程既有其共性,也有其特性,具体见表4-2、表4-3。

表4-2　不同批量箱体加工工艺的共同性

| 共同性 | 具体工艺特点 |
|---|---|
| 加工顺序为先面后孔 | 箱体类零件的加工顺序均为先加工面,以加工好的平面定位,再加工孔。因为箱体孔的精度要求高,加工难度大,先以孔为粗基准加工好平面,再以平面为精基准加工孔,这样既能为孔的加工提供稳定可靠的精基准,同时可以使孔的加工余量较为均匀<br>由于箱体上的孔均布在箱体各平面上,先加工好平面,钻孔时钻头不易引偏,扩孔或铰孔时刀具不易崩刃 |
| 加工阶段粗精分开 | 箱体的结构复杂、壁厚不均匀、刚性不好,而加工精度要求又高,因此,箱体重要的加工表面都要划分粗、精两个加工阶段 |
| 工序间安排时效处理 | 箱体结构造成铸造残余应力较大。为消除残余应力、减少变形、保证精度,一般铸造后要安排人工时效处理:加热到500~550 ℃,保温4~6 h,冷却速度小于或等于30 ℃/h,出炉温度低于200 ℃<br>一些高精度形状特别复杂的箱体,粗加工后还要安排一次人工时效处理,以消除粗加工造成的残余应力。对精度要求不高的箱体毛坯,有时不安排时效处理,而是利用粗、精加工工序间的停放和运输时间自然完成时效处理 |
| 一般都用箱体上重要孔作粗基准 | 箱体零件一般都要用它上面的重要孔作粗基准,以保证各加工表面有较高的位置要求及足够的加工余量 |

表 4 - 3　不同批量箱体加工工艺的比较

| | 精基准的选择 | 粗基准的选择 | 设备装备的选择 |
|---|---|---|---|
| 单件小批量 | 用装配基准即箱体底面作定位基准。这样底面既是装配基准又是设计基准,符合基准重合原则,装夹误差小 | 中小批量生产时,由于毛坯精度较低,一般采用划线找正方法 | 一般都在通用机床上进行;除个别必须用专用夹具才能保证质量的工序(如孔系加工)外,一般不用专用夹具 |
| 大批大量 | 采用底面及两个销孔(一面两孔)作定位基准。这种定位方式,既符合基准重合原则,又符合基准统一原则,有利于保证各支承孔加工的位置精度,而且工件装卸方便,减少辅助时间,提高生产效率 | 毛坯精度较高,可直接以凸缘为不加工面为粗基准在夹具上定位,采用专用夹具装夹,此类专用夹具可参阅机床夹具图册 | 广泛采用专用机床,如多轴龙门铣床、组合磨床等,各主要孔的加工采用多工位组合机床、专用镗床等,专用夹具得也很多,可以大大提高生产率 |

## 二、粗基准的选择

粗基准选择时,应满足以下要求:

(1)在保证各加工面均有余量的前提下,应使重要孔的加工余量均匀,孔壁的厚薄尽量均匀,其余部位均有适当的壁厚;

(2)装入箱体内的回转零件(如齿轮、轴套等)应与箱壁有足够的间隙;

(3)注重保持箱体必要的外形尺寸,此外,还应保证定位稳定,夹紧可靠。

为了满足上述要求,通常选用箱体重要孔的毛坯孔作为粗基准。

生产类型不同,以主轴孔为粗基准的工件安装方式也不同。大批大量生产时,由于毛坯精度高,可以直接用箱体上的重要孔在专用夹具上定位,工件安装迅速,生产率高。在单件、小批及中批生产时,一般毛坯精度较低,按上述办法选择粗基准,往往会造成箱体外形偏斜,甚至局部加工余量不够,因此通常采用划线找正的办法进行第一道工序的加工,即以主轴孔及其中心线为粗基准对毛坯进行划线和检查,必要时予以纠正,纠正后孔的余量应足够,但不一定均匀。

## 三、精基准的选择

为了保证箱体零件孔与孔、孔与平面、平面与平面之间的相互位置和距离尺寸精度,箱体类零件精基准的选择应采用基准统一和基准重合两种原则。

(1)一面两孔(基准统一原则):在多数工序中,箱体利用底面(或顶面)及其上的两孔作为定位基准,加工其他的平面和孔系,以避免由于基准转换而带来的累积误差。

**案例:**大批生产主轴箱工艺过程中,以顶面及其上两孔为定位基准,采用基准统一原则。

(2)三面定位(基准重合原则):箱体上的装配基准一般为平面,而它们又往往是箱体上其他要素的设计基准,因此以这些装配基准平面作为定位基准,避免了基准不重合误差,有利于提高箱体各主要表面的相互位置精度。

**案例:**小批生产主轴箱过程中即采用基准重合原则。

由分析可知,这两种定位方式各有优缺点,应根据实际生产条件合理确定。在中、小批量生产时,尽可能使定位基准与设计基准重合,以设计基准作为统一的定位基准。大批量生产时,优先考虑的是如何稳定加工质量和提高生产率,由此而产生的基准不重合误差通过工艺措施解决,如提高工件定位面精度和夹具精度等。

另外,箱体中间孔壁上有精度要求较高的孔需要加工时,需要在箱体内部相应的地方设置镗杆导向支承架,以提高镗杆刚度。因此可根据工艺上的需要,在箱体底面开一个矩形窗口,让中间导向支承架伸入箱体。产品装配时窗口上加密封垫片和盖板用螺钉紧固。这种结构形式已被广泛认可和采纳。

**案例:** 某主轴箱如图 4 - 6 所示,其不同批量生产时的工艺如表 4 - 4、表 4 - 5 所示,请研讨分析它们之间的异同点及其原因。

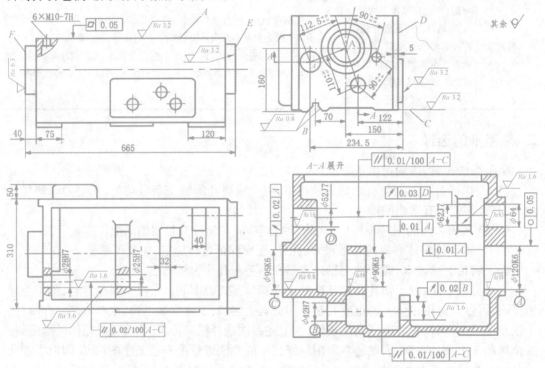

图 4 - 6　某主轴箱

**表 4 - 4　某主轴箱小批生产工艺过程**

| 序号 | 工 序 内 容 | 定 位 基 准 |
| --- | --- | --- |
| 1 | 铸造 | |
| 2 | 时效 | |
| 3 | 漆底漆 | |
| 4 | 划线:考虑主轴孔有加工余量,并尽量均匀,划面 C、A 及 E、D 的加工线 | |
| 5 | 粗、精加工顶面 A | 按线找正 |
| 6 | 粗、精加工面 B、C 及侧面 D | 顶面 A 并校正主轴线 |
| 7 | 粗、精加工两端面 E、F | 面 B、C |
| 8 | 粗、半精加工各纵向孔 | 面 B、C |
| 9 | 精加工各纵向孔 | 面 B、C |
| 10 | 粗、精加工横向孔 | 面 B、C |
| 11 | 加工螺孔及各次要孔 | 底面 C |
| 12 | 清洗、去毛刺 | |
| 13 | 检验 | |

表 4 – 5　某主轴箱大批生产工艺过程

| 序号 | 工　序　内　容 | 定　位　基　准 |
|---|---|---|
| 1 | 铸造 | |
| 2 | 时效 | |
| 3 | 漆底漆 | |
| 4 | 铣项面 A | I 孔与 II 孔 |
| 5 | 钻、扩、铰 2×φ8H7 工艺孔(将 6×M10 先钻至 φ7.8。铰 2×φ8H7) | 顶面 A 及外形 |
| 6 | 铣两端面 E、F 及前面 D | 顶面 A 及两工艺孔 |
| 7 | 铣导轨面 B、C | 顶面 A 及两工艺孔 |
| 8 | 磨顶面 A | 导轨面 B、C |
| 9 | 粗镗各纵向孔 | 顶面 A 及两工艺孔 |
| 10 | 精镗各纵向孔 | 顶面 A 及两工艺孔 |
| 11 | 精镗主轴孔 I | 顶面 A 及两工艺孔 |
| 12 | 加工横向孔及各面上的次要孔 | |
| 13 | 磨导轨面 B、C 及前面 D | 顶面 A 及两工艺孔 |
| 14 | 将 2×φ8H7 及 4×φ7.8 均扩钻至 φ8.5,攻 6×M10 螺纹 | |
| 15 | 清洗、去毛刺倒角 | |
| 16 | 检验 | |

#### 实践

分离式箱体虽然遵循一般箱体的加工原则,但是由于结构上的可分离性,因而在工艺路线的拟订和定位基准的选择方面均有一些特点。

(1)箱体整个加工过程分为两个大的阶段:第一阶段主要完成对合面及其他平面、紧固孔和定位孔的加工,为箱体与箱盖的合装做准备;第二阶段在合装好的整个箱体上加工孔及其端面。在两个阶段之间安排钳工工序,将箱盖和箱体合装成整体,并用两销定位,使其保持一定的位置关系,以保证轴承孔的加工精度和拆装后的重复精度。

(2)粗基准的选择:减速器箱体最先加工的是箱盖和箱体的对合面,所以箱体一般不能以轴承孔毛坯面作为粗基准,而是以凸缘不加工面为粗基准,可以保证对合面凸缘厚薄均匀,减少箱体合装时对合面的变形。

(3)精基准的选择:加工箱体的对合面时,应以底面为精基准,使对合面加工时的定位基准与设计基准重合;箱体合装后加工轴承孔时,仍以底面为主要定位基准,并与底面上的两定位孔组成典型的"一面两孔"定位方式。这样,轴承孔的加工,其定位基准既符合"基准统一"原则,也符合"基准重合"原则,有利于保证轴承孔轴线与对合面的重合度及与装配基面的尺寸精度和平行度。

## 步骤四　加工方法及加工方案选择

#### 知识准备

### 一、箱体零件平面常用的加工方法

箱体零件平面加工的技术要求主要有平面本身的平面度和表面结构、该平面与其他表面间的尺寸精度和相互位置精度。箱体零件平面的加工方法有刨、铣、拉、磨等。采用何种加工方法,要根据零件的结构形状、尺寸大小、材料、技术要求、零件刚性、生产类型及企业现有设备等条件决定。主要加工方法有刨削加工、铣削加工、磨削加工、拉削加工。

**1. 刨削加工**

在刨床上使用刨刀对工件进行切削加工,称为刨削加工。常用作平面的粗加工和半精加工,生产率较低,一般用于单件或小批量生产中。

刨削加工主要用于加工水平面、垂直面和斜面等各种平面,T形槽、燕尾槽、V形槽等沟槽。刨削加工的典型表面如图4-7所示。

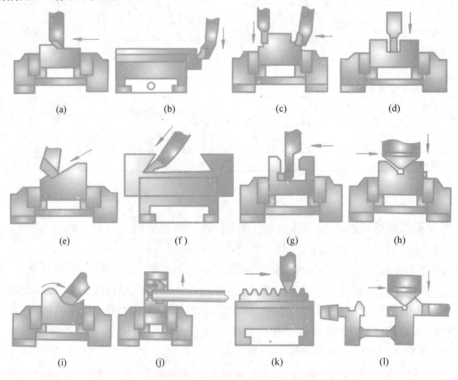

图4-7　刨削的典型加工方法
(a)刨平面;(b)刨垂直面;(c)刨台阶面;(d)刨直角沟槽;(e)刨斜面;(f)刨燕尾槽;(g)刨T形槽;
(h)刨V形槽;(i)刨曲面;(j)刨键槽;(k)刨齿条;(l)刨复合面

1)刨削机床

刨削加工常见的机床有牛头刨床和龙门刨床,如图4-8、图4-9所示。牛头刨床主要用于单件小批生产中刨削中小型工件上的平面、成形面和沟槽。龙门刨床主要用于刨削大型工件,也可在工作台上装夹多个零件同时加工,是工业的母机。

2)刨刀

刨刀的结构与车刀相似,其几何角度的选取原则也与车刀基本相同。但因刨削过程中有冲击,所以刨刀的前角比车刀小5°~6°;而且刨刀的刃倾角也应取较大的负值,以使刨刀切入工件时产生的冲击力作用在离刀尖稍远的切削刃上。刨刀的刀杆截面比较粗大,以增加刀杆刚性和防止折断。

刨刀刀杆有直杆和弯杆之分,如图4-10所示。直杆刨刀刨削时,如遇到加工余量不均

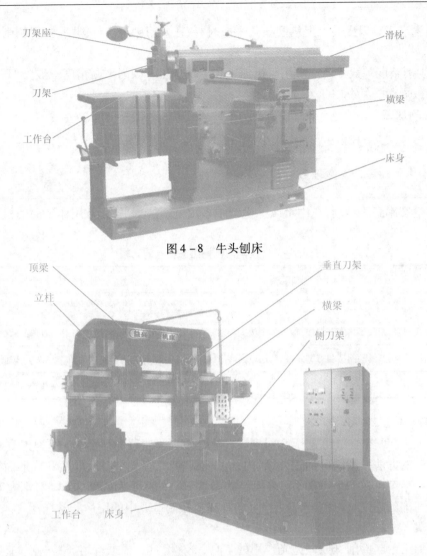

图4-8　牛头刨床

图4-9　龙门刨床

或工件上的硬点,切削力的突然增大将增加刨刀的弯曲变形,造成切削刃扎入已加工表面,降低了已加工表面的精度和表面质量,也容易损坏切削刃。若采用弯杆刨刀,当切削力突然增大时,刀杆产生的弯曲变形会使刀尖离开工件,避免扎入工件。

3)刨削工艺特点

(1)通用性好。机床和刀具结构简单,可以加工多种零件上的平面和各种截形的直线槽,如T形槽、燕尾槽等。

(2)生产率低。由于刨削的主运动为往复直线运动,冲击现象严重,有空行程损失,

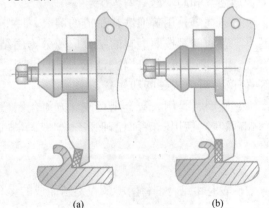

(a)　　　　　(b)
图4-10　刨刀刀杆形状
(a)直杆刨刀;(b)弯杆刨刀

造成刨削生产率难以提高。但刨削狭长平面时,或在龙门刨上进行刨削、多刀刨削时生产率较高。

（3）刨削精度一般不高。多用于粗加工和半精加工。刨削平面精度一般为 IT9 ~ IT8,表面结构参数 $Ra$ 可达 $6.3 ~ 1.6$ μm。

**2. 铣削加工**

> **注:**
> 铣床相关知识请参考任务一步骤二。

铣削生产率高于刨削,在中批以上生产中多用铣削加工平面,常用作平面的粗加工和半精加工。

**表 4 – 6　铣削与刨削工艺特点的比较**

| 铣　　削 | 刨　　削 |
| --- | --- |
| 生产率一般较高 | 生产率较低,但加工狭长平面时,生产率比铣削高 |
| 切削方式很多,刀具形式多种多样,加工范围较大 | 加工范围较小,适于加工平面和各种型槽 |
| 机床结构复杂,刀具的制造和刃磨复杂,费用较高 | 机床与刀具结构简单,制造成本较低 |
| 适用于一定批量生产 | 适用于单件小批量生产 |

**3. 磨削加工**

磨削加工(见图 4 – 11)是用磨料磨具(砂轮、砂带、油石和研磨料)作为刀具对工件进行切削加工的方法。磨削可加工外圆、内孔、平面、螺纹、齿轮、花键、导轨和成形面等各种表面。其加工精度可达 IT5 ~ IT6 级,表面结构参数 $Ra$ 一般可达 $0.08$ μm。磨削尤其适合于加工难以切削的超硬材料(如淬火钢)。磨削在机械制造业中的用途非常广泛。

1)模具

凡在加工中起磨削、研磨、抛光作用的工具,统称磨具。根据所用磨料的不同,磨具可分为普通磨具和超硬磨具两大类。

普通磨具是用普通磨料制成的磨具,如刚玉类磨料、碳化硅类磨料和碳化硼磨料制成的磨具。普通磨具按照磨料的结合形式分为固结磨具、涂覆磨具和研磨膏。根据不同的使用方式,固结磨具可制成砂轮、油石、砂瓦、磨头、抛磨块等;涂附磨具可制成砂布、砂纸、砂带等;研磨膏可分成硬膏和软膏。

超硬磨具是用人造金刚石或立方氮化硼超硬磨料所制成的磨具,如金刚石砂轮、立方氮化硼砂轮等,适用于磨削如硬质合金、光学玻璃、陶瓷和宝石以及半导体等极硬的非金属材料。

2)砂轮

砂轮是由结合剂将磨料颗粒黏结而成的多孔体,是磨削加工中最常用的工具,如图 4 – 12 所示。掌握砂轮的特性,合理选择砂轮,是提高磨削质量和磨削效率、控制磨削加工成本的重要措施。

砂轮的磨料、粒度、结合剂、硬度和组织等五要素决定了砂轮特性。

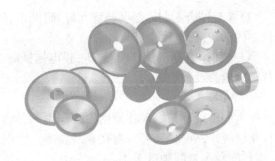

图 4 – 11　磨削加工　　　　　　　　　　图 4 – 12　砂轮

a. 磨料

磨料是砂轮中的硬质颗粒。常用的磨料主要是人造磨料,其性能及适用范围如表 4 – 7 所示。

表 4 – 7　磨料性能及适用范围

| 磨料名称 | | 原代号 | 新代号 | 成分 | 颜色 | 力学性能 | 反应性 | 热稳定性 | 适用范围 |
|---|---|---|---|---|---|---|---|---|---|
| 刚玉类 | 棕刚玉 | GZ | A | $Al_2O_3$ 95% $TiO_2$ 2% ~ 3% | 棕褐色 | 硬度高 ← → 强度高 | 稳定 | 2 100 ℃ 熔融 | 碳钢、合金钢、铸铁 |
| | 白刚玉 | GB | WA | $Al_2O_3$ >99% | 白色 | | | | 淬火钢、高速钢 |
| 碳化硅类 | 黑碳化硅 | TH | C | SiC >95% | 黑色 | | 与铁有反应 | >1 500 ℃ 汽化 | 铸铁、黄铜、非金属材料 |
| | 绿碳化硅 | TL | GC | SiC >99% | 绿色 | | | | 硬质合金等 |
| 高硬度磨料类 | 立方碳化硼 | JLD | CBN | BN | 黑色 | 高硬度 | 高温时,与水、碱有反应 | <1 300 ℃ 稳定 | 高强度钢、耐热合金等 |
| | 人造金刚石 | JR | D | 碳结晶体 | 乳白色 | | | >700 ℃ 石墨化 | 硬质合金、光学玻璃等 |

b. 粒度

粒度表示磨料颗粒的尺寸大小。磨料的粒度可分为两大类。基本颗粒尺寸大于 40 μm 的磨料,用机械筛选法来决定粒度号,其粒度号数就是该种颗粒正好能通过筛子的网号。网号就是每英寸(25.4 mm)长度上筛孔的数目。因此粒度号数越大,颗粒尺寸越小;反之,颗粒尺寸越大。颗粒尺寸小于 40 μm 的磨料用显微镜分析法来测量,其粒度号数是基本颗粒最大尺寸的微米数,以其最大尺寸前加 w 来表示。

c. 结合剂

结合剂的作用是将磨粒黏合在一起,使砂轮具有必要的形状和强度。结合剂的性能对砂轮的强度、耐冲击性、耐腐蚀性及耐热性有突出的影响,并对磨削表面质量有一定影响。

(1)陶瓷结合剂(V)化学稳定性好、耐热、耐腐蚀、价廉,占90%,但性脆,不宜制成薄片,不宜高速,线速度一般为 35 m/s。

(2)树脂结合剂(B)强度高弹性好,耐冲击,适于高速磨或切槽切断等工作,但耐腐蚀耐热性差(300 ℃),自锐性好。

（3）橡胶结合剂（R）强度高弹性好，耐冲击，适于抛光轮、导轮及薄片砂轮，但耐腐蚀耐热性差（200 ℃），自锐性好。

（4）金属结合剂（M）青铜、镍等，强度韧性高，成形性好，但自锐性差，适于金刚石、立方氮化硼砂轮。

d. 硬度

砂轮的硬度是指磨粒在磨削力的作用下，从砂轮表面脱落的难易程度。砂轮硬即表示磨粒难以脱落；砂轮软，表示磨粒容易脱落。所以，砂轮的硬度主要由结合剂的黏结强度决定，而与磨粒本身的硬度无关。

黏结强度指砂轮工作时在磨削力作用下磨粒脱落的难易程度，取决于结合剂的结合能力及所占比例，与磨料硬度无关。

砂轮的硬度高，磨料不易脱落；硬度低，自锐性好。

砂轮分 7 大级（超软、软、中软、中、中硬、硬、超硬），16 小级。

选用砂轮时，应注意硬度要选得适当。若砂轮选得太硬，会使磨钝了的磨粒不能及时脱落，因而产生大量磨削热，造成工件烧伤；若选得太软，会使磨料脱落得太快而不能充分发挥其切削作用。

砂轮硬度选择原则如下。

（1）磨削硬材，选软砂轮；磨削软材，选硬砂轮。

（2）磨导热性差的材料，不易散热，选软砂轮以免工件烧伤。

（3）砂轮与工件接触面积大时，选较软的砂轮。

（4）成形磨精磨时，选硬砂轮；粗磨时选较软的砂轮。

e. 组织

砂轮的组织是指磨粒在砂轮中占有体积的百分数（即磨粒率）。它反映了磨粒、结合剂、气孔三者之间的比例关系。磨粒在砂轮总体积中所占的比例大，气孔小，即组织号小，则砂轮的组织紧密；反之，磨粒的比例小，气孔大，即组织号大，则组织疏松。

砂轮组织分紧密、中等、疏松三类 13 级。紧密组织成形性好，加工质量高，适于成形磨、精密磨和强力磨削；中等组织适于一般磨削工作，如淬火钢、刀具刃磨等；疏松组织不易堵塞砂轮，适于粗磨，磨软材，磨平面、内圆等接触面面积较大时，磨热敏性强的材料或薄件。

砂轮上未标出组织号时，即为中等组织。

**4. 拉削加工**

拉削加工是利用多齿的拉刀，逐齿依次从工件上切下很薄的金属层，使表面达到较高的精度和较小的表面结构参数，可在一次行程完成粗加工、精加工，具有生产率高、加工精度高、表面结构参数较小的特点。加工时，若刀具所受的力不是拉力而是推力，则称为推削，所用刀具称为推刀。拉削所用的机床称为拉床，推削一般在压力机上进行。

平面拉刀如图 4 - 13 所示。拉削原理如图 4 - 14 所示。

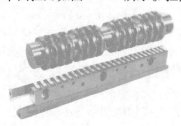

图 4 - 13　平面拉刀

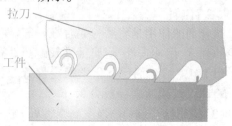

图 4 - 14　拉削原理示意

## 二、平面常用的加工方案

平面的加工路线如图 4 – 15 所示。

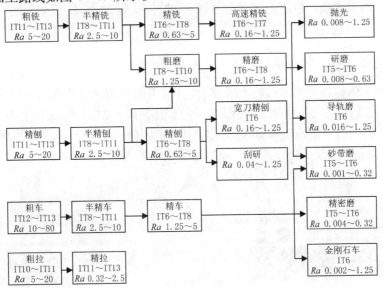

图 4 – 15 平面的加工路线

常见的平面加工方案如表 4 – 8 所示。

表 4 – 8 常见的平面加工方案

| 序号 | 加 工 方 案 | 经济精度等级 | 表面结构参数 $Ra/\mu m$ | 适 用 范 围 |
|---|---|---|---|---|
| 1 | 粗车 | IT13—IT11 | 12.5—50 | 端面 |
| 2 | 粗车—半精车 | IT10—IT8 | 3.2—6.3 | |
| 3 | 粗车—半精车—精车 | IT8—IT7 | 0.8—1.6 | |
| 4 | 粗车—半精车—磨削 | IT8—IT6 | 0.2—0.8 | |
| 5 | 粗刨(粗铣) | IT13—IT11 | 6.3—25 | 一般不淬硬平面(端铣表面结构参数 $Ra$ 值较小) |
| 6 | 粗刨(粗铣)—精刨(精铣) | IT10—IT8 | 1.6—6.3 | |
| 7 | 粗刨(粗铣)—精刨(精铣)—刮研 | IT7—IT6 | 0.8—0.1 | 精度要求较高的不淬硬平面,批量较大时宜采用宽刃精刨方案 |
| 8 | 粗刨(粗铣)—精刨(精铣)—宽刃精刨 | IT7 | 0.2—0.8 | |
| 9 | 粗刨(粗铣)—精刨(精铣)—磨削 | IT7 | 0.2—0.8 | 精度要求高的淬硬平面或不淬硬平面 |
| 10 | 粗刨(粗铣)—精刨(精铣)—粗磨—精磨 | IT7—IT6 | 0.025—0.4 | |
| 11 | 粗铣—拉 | IT9—IT7 | 0.2—0.8 | 大量生产,较小的平面(精度视拉刀精度而定) |
| 12 | 粗铣—精铣—磨削—研磨 | IT5 以上 | 0.006—0.1 (或 $Rz$ 0.005) | 高精度平面 |

### 三、内圆表面(孔)常用的加工方法

内圆表面加工方法一般需根据被加工工件的外形、孔的直径、公差等级、孔深(通孔或圆孔)等情况,综合选择合适的加工方法。内圆表面(孔)常见的加工方法有钻削、镗削、拉削、磨削等。

**1. 钻削加工**

用钻头在实体材料上加工孔的方法称为钻孔;用扩孔钻对已有孔进行扩大再加工的方法称为扩孔。它们统称为钻削加工(见图4-16)。在钻床上加工时,工件固定不动,刀具作旋转运动(主运动)的同时沿轴向移动(进给运动)。钻头如图4-17所示,钻床如4-18所示。

钻削加工精度低,尺寸精度为IT3~IT12,表面结构参数 Ra 为 12.5~6.3 μm。

图4-16   钻削加工

图4-17   钻头

图4-18   钻床

**2. 镗削加工**

镗削加工是用镗刀在已加工孔的工件上使孔径扩大并达到精度和表面结构要求的加工方法,其加工范围广泛,实践中较为常用。根据工件的尺寸形状、技术要求及生产批量的不同,镗孔可以在镗床、车床、铣床、数控机床和组合机床上进行。一般回旋体零件上的孔,多用车床加工;而箱体类零件上的孔或孔系(即要求相互平行或垂直的若干孔),则可以在镗床上加工。

一般镗孔的精度可达 IT8~IT7,表面结构参数 Ra 值可达 1.6~0.8 μm;精细镗时,精度可达 IT7~IT6,表面结构参数 Ra 值为 0.8~0.1 μm。

1)镗刀

镗刀有多种类型,按其切削刃数量可分为单刃镗刀、双刃镗刀和多刃镗刀;按其加工表面可分为通孔镗刀、盲孔镗刀、阶梯孔镗刀和端面镗刀;按其结构可分为整体式、装配式和可

调式。图 4 – 19 所示为单刃镗刀和多刃镗刀的结构。

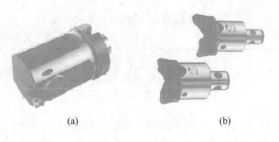

图 4 – 19　镗刀
（a）单刃镗刀；（b）多刃镗刀

2）镗床

镗床主要用于加工尺寸较大且精度要求较高的孔，特别是分布在不同表面上、孔距和位置精度要求很严格的孔系。镗床工作时，由刀具作旋转主运动，进给运动则根据机床类型和加工条件的不同或者由刀具完成或者由工件完成。

镗床主要类型有卧式镗床、坐标镗床以及金刚镗床等。卧式镗床如图 4 – 20 所示，立式镗床如图 4 – 21 所示。

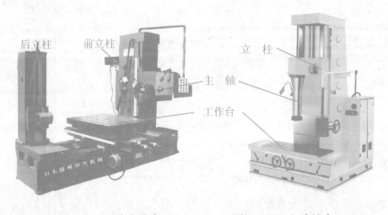

图 4 – 20　卧式镗床　　　图 4 – 21　立式镗床

## 四、孔加工方案

孔加工路线如图 4 – 22 所示。

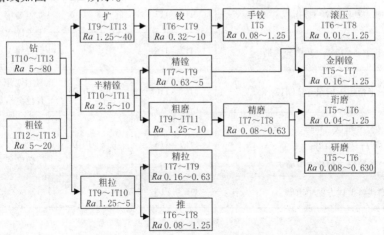

图 4 – 22　孔加工路线

孔加工的常用方案如表4-9所示。

表4-9 孔加工常用方案

| 序号 | 加工方案 | 经济精度等级 | 表面结构参数 $Ra/\mu m$ | 适用范围 |
|---|---|---|---|---|
| 1 | 钻 | IT12~IT11 | 12.5 | 加工未淬火钢及铸铁实心毛坯,也可加工有色金属(但表面结构稍粗糙,孔径小于15~20 mm) |
| 2 | 钻—铰 | IT9 | 3.2~1.6 | |
| 3 | 钻—铰—精铰 | IT8~IT7 | 1.6~0.8 | |
| 4 | 钻—扩 | IT11~IT10 | 12.5~6.3 | 同上,但孔径大于15~20 mm |
| 5 | 钻—扩—铰 | IT9~IT8 | 3.2~1.6 | |
| 6 | 钻—扩—粗铰—精铰 | IT7 | 1.6~0.8 | |
| 7 | 钻—扩—机铰—手铰 | IT7~IT6 | 0.4~0.1 | |
| 8 | 钻—扩—拉 | IT9~IT7 | 1.6~0.1 | 大批大量生产(精度由拉刀精度决定) |
| 9 | 粗镗(或扩孔) | IT12~IT11 | 12.5~6.3 | 除淬火钢外各种材料,毛坯有铸出孔或锻出孔 |
| 10 | 粗镗(粗扩)—半精镗(精扩) | IT9~IT8 | 3.2~1.6 | |
| 11 | 粗镗(扩)—半精镗(精扩)—精镗(铰) | IT8~IT7 | 1.6~0.8 | |
| 12 | 粗镗(扩)—半精镗(精扩)—精镗—浮动镗刀精镗 | IT7~IT6 | 0.8~0.4 | |
| 13 | 粗镗(扩)—半精镗—磨孔 | IT8~IT7 | 0.8~0.2 | 主要用于淬火钢,也可用于未淬火钢,但不宜用于有色金属 |
| 14 | 粗镗(扩)—半精镗—粗磨—精磨 | IT7~IT6 | 0.2~0.1 | |
| 15 | 粗镗—半精镗—精镗—金刚镗 | IT7~IT6 | 0.4~0.05 | 主要用于精度要求高的有色金属加工 |
| 16 | 钻—(扩)—粗铰—精铰—珩磨;钻—(扩)—拉—珩磨;粗镗—半精镗—精镗—珩磨 | IT7~IT6 | 0.2~0.025 | 精度要求很高的孔 |
| 17 | 以研磨代替上述方案中珩磨 | IT6级以上 | | |

## 五、孔系加工方法

箱体上一系列有相互位置精度要求的孔的组合,称为孔系。按照孔的位置关系,孔系可分为平行孔系、同轴孔系和交叉孔系。

孔系加工是箱体加工的关键。根据箱体不同和孔系精度要求的不同,孔系所用的加工方法也不同。

**1. 平行孔系加工**

各孔的轴心线之间以及轴心线与基面之间的尺寸精度和位置精度是平行孔系的主要技术要求。

1)找正法

根据图样要求在毛坯或半成品上划出界线作为加工依据,按线加工的方法称为划线找正法。划线和找正的误差较大,加工精度低,一般在 ±0.3 mm ~ ±0.5 mm。工程实践中,常用的找正方法有心轴和块规找正法、样板找正法、划线找正法与试切法相结合的方法等。

心轴和块规找正法(见图 4-23)是将精密心轴插入镗床主轴孔内(或直接利用镗床主轴),然后根据孔和定位基面的距离用块规、塞尺校正主轴位置,加工第一排孔。加工第二排孔时,分别在第一排孔和主轴中插入心轴,然后采用同样方法确定加工第二排孔时主轴的位置。这种方法孔距精度可以达到 ±0.03 mm ~ ±0.05 mm。

样板找正法(见图 4-24)是按孔系孔距尺寸的平均值,在 10 ~ 20 mm 厚的钢板样板上加工出位置精度很高( ±0.01 mm ~ ±0.03 mm)的相应孔系,其孔径比被加工孔径大,以便于镗杆通过。找正时将样板装在垂直于各孔的端面上(或固定在机床工作台上),在机床主轴上装一千分表,按样找正主轴后,即可换上镗刀进行加工。其孔距精度可以达到 ±0.05 mm。单件小批量生产加工较大箱体时,常采用这种方法。

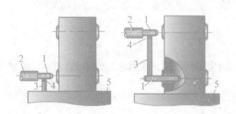

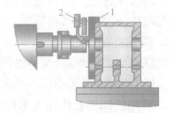

图 4-23　心轴和块规找正法　　　　图 4-24　样板找正法
1—心轴;2—镗床主轴;3—块矩;4—塞尺;5—工作台　　　1—样板;2—百分表

为提高加工精度,划线找正法可以与试切法结合,即先镗出一个孔(达到图样要求),然后将机床主轴调整到第二个孔的中心,镗出一段比图样要求直径尺寸小的孔,测量两孔的实际中心距,根据与图样要求中心距的差值调整主轴位置,再试切、调整。经过几次试切达到图样要求的孔距后,可镗到规定尺寸。这种方法孔距精度可以达到 ±0.08 mm ~ ±0.25 mm,孔距尺寸精度仍然很低,且操作麻烦,生产效率低,只适合于单件小批量生产。

2)镗模法

镗模法是用镗模板上的孔系来保证工件上孔系位置精度的一种方法,如图 4-25 所示。工件装在带有镗模板的夹具内,并通过定位与夹紧装置使工件上待加工孔与镗模板上的孔同轴。镗杆支承在镗模板的支架导向套里,镗刀便通过模板上的孔将工件上相应的孔加工出来。当用两个或两个以上的支架来引导镗杆时,镗杆与机床主轴浮动连接。这时,机床的精度对加工精度影响很小,因而可以在精度较低的机床上加工出精度较高的孔系。孔距精度主要取决于镗模,一般可以达到 ±0. 05 mm。

　　用镗模法加工孔系,可以大大提高工艺系统的刚性和抗振性,所以可以用带有几把镗刀的长镗杆同时加工箱体上的几个孔,生产效率很高,广泛应用于大批量的生产中。

　　由于镗模本身存在制造误差,导套与镗杆之间存在间隙与磨损,所以孔系的加工精度不高,公差等级可达到 IT7,同轴度和平行度从一端加工可以达到 0. 02 ~ 0. 03 mm,从两端加工可以达到 0. 04 ~ 0. 05 mm。镗模存在制造周期长,成本较高,镗孔切削速度受到一定限制,加工过程中观察、测量不方便等缺点。

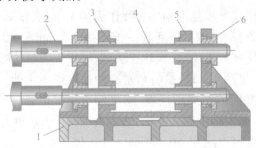

图 4 - 25　镗模法
1—镗架支承;2—镗床主轴;3—镗刀;4—镗杆;5—工件;6—导套

### 3) 坐标法

　　坐标法镗孔是在普通卧式镗床、坐标镗床或数控铣床等设备上,借助于测量装置,调整机床主轴与工件之间的相对位置,来保证孔距精度的一种镗孔方法。坐标法镗孔的孔距精度主要取决于坐标的移动精度。

### 2. 同轴孔系加工

　　在成批生产过程中,箱体的同轴孔系的同轴度由镗模来保证。而在单件小批量生产过程中,其同轴度主要采用以下几种方法来保证。

　　1) 利用已加工孔作为支承导向

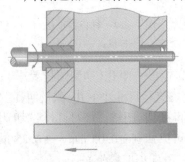

图 4 - 26　利用已加工孔导向

　　如图 4 - 26 所示,当箱体前壁上的孔径加工好后,在孔内装一导向套,通过导向套支承镗杆加工后壁上的孔。这种方法对于加工箱壁距离较近的同轴孔比较合适,但需要配置一些专用的导向套。

　　2) 利用镗床后立柱上的导向支承镗孔

　　这种方法其镗杆系两端支承,刚性好。但是调整比较麻烦,镗杆较长、很笨重,只适合用于大型箱体的加工。

　　3) 采用调头镗

　　当箱体箱壁相距较远时,可采用调头镗。工件在一次装夹下,镗好一端的孔后,将镗床工作台回转180°,镗另一端的孔。由于普通镗床工作台回转精度较低,所以此法加工精度不高。

　　当箱体上有一较长并与镗孔轴线有平行线要求的平面时,镗孔前应先用装在镗杆上的百分表对此平面进行校正,使其和镗杆轴线平行。B 孔加工完成后,回转工作台,用镗杆上的百分表进行校正,确保工作台准确回转180°,然后加工 A 孔,就可以保证 A、B 孔同轴。如果箱体上没有加工好的工艺基面,也可以用平行长铁置于工作台上,使其表面与要加工的孔轴线平行,然后进行固定。按上述方法调整,也可以达到两孔平行的目的。掉头镗时工件的校正如图 4 - 27 所示。

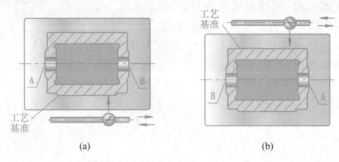

图 4 - 27 掉头镗时工件的校正
(a)第一工位;(b)第二工位

### 3. 交叉孔系加工

箱体上交叉孔系的加工主要是控制有关孔的垂直度误差。在多面加工的组合机床上加工交叉孔系,其垂直度主要由机床和模板保证;在普通镗床上,其垂直度主要靠机床的挡板保证,但其定位精度较低。为了提高其定位精度,可以用心轴和百分表找正,如图 4 - 23 所示,在加工好的孔中插入心轴,然后将工作台旋转 90°,移动工作台,用百分表找正。

 **实践**

综合考虑箱体加工质量要求和现有生产条件,制订以下加工方案:
(1)箱体底面可以采用粗刨—半精刨的加工方案;
(2)箱体对合面形状精度、尺寸精度及表面结构要求较高,可以采用粗刨—磨削的加工方案;
(3)轴承支承孔精度要求较高,可采用粗镗—精镗的加工方案;
(4)轴承支承孔端面采用铣削加工;
(5)底面连接孔、侧面测油孔、放油孔、螺纹底孔可采用钻—锪螺纹底孔后攻螺纹。

## 步骤五 加工顺序的安排与刀具的选择

根据加工阶段划分及加工顺序的安排原则,对箱体加工进行如下安排。
(1)箱体对合面为加工底面及底面各孔的定位基准,应先进行粗加工。
(2)以加工好的底面作为精基准,对箱体对合面进行精加工。
(3)为保证轴承孔的精度要求,需将完成对合面精加工的箱体与箱盖进行组合,然后铣削轴承孔端面,粗精镗轴承孔。

箱体的加工路线如图 4 - 28 所示。

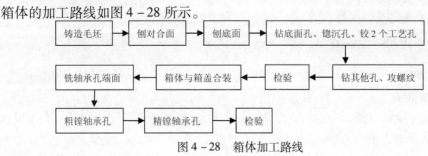

图 4 - 28 箱体加工路线

根据箱体的材料及生产类型,选择刀具如下。

(1)粗刨时,选择硬质合金材料的弯杆刨刀,其前角选 10°,后角选 7°,主偏角选 45°,刃倾角选 −10°。

(2)铣轴承孔端面时,选择硬质合金材料的端铣刀。

(3)攻螺纹时,选用 $\phi17.5$ 钻刀和 M20 丝锥。

(4)磨削对合面时,选用黑色碳化硅砂轮,粒度为 60#,中硬度,350 × 40 × 127 平形砂轮。

(5)粗精镗轴承孔时,选用单刃镗刀。

# 步骤六　加工装备的选择及工件的装夹

 知识准备

## 一、铣削加工常用装夹方式

### 1. 平口虎钳装夹

形状简单的中、小型工件一般可用机床用平口虎钳装夹,如图 4 − 29 所示,使用时需保证虎钳在机床中的正确位置。

### 2. 压板装夹

形状复杂或尺寸较大的工件可用压板、螺栓直接装夹在工作台上。这种方法需用百分表、划针等工具找正加工面和铣刀的相对位置。压板附件如图 4 − 30 所示,压板装夹如图 4 − 31、图 4 − 32 所示。

图 4 − 29　平口虎钳

图 4 − 30　压板附件

图 4 − 31　压板装夹

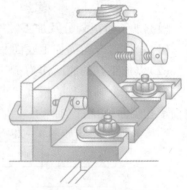

图 4 − 32　压板装夹

### 3. 分度头装夹

对于需要分度的工件,一般可直接装夹在分度头(见图 4 − 33)上。另外,不需分度的工件用分度头装夹加工也很方便。

#### 4. 角铁或 V 形架装夹

基准面宽而加工面窄的工件,铣削其平面时,可利用角铁来装夹;轴类零件一般采用 V 形架装夹(见图 4 – 34),对中性好,可承受较大的切削力。

图 4 – 33　分度头

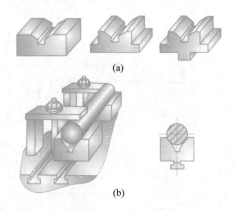

(a)

(b)

图 4 – 34　V 形架装夹
(a)V 形架形状;(b)V 形架装夹示意

#### 5. 专用夹具装夹

专用夹具定位准确、夹紧方便,效率高,一般适用于成批、大量生产中。

> **注:**
>
> 夹具相关知识见任务二步骤八中的内容。

　实践

根据企业现有设备及箱体技术要求、生产类型等方面,选择 B6050 牛头刨床对箱体对合面和底面进行粗加工,采用 MW1320 磨床对对合面进行精加工,选用 XA6132 铣床铣轴承孔端面,选择 T612 卧式镗床对轴承孔进行粗精加工,钻孔、攻丝等时选用钻床 Z4012。

加工时,选用机床通用夹具卧式平口钳、挡块等,属于不完全定位方式。

## 步骤七　加工余量和工序尺寸的确定

　知识准备

### 一、箱体毛坯加工余量的确定

毛坯的加工余量与生产批量、毛坯尺寸、结构、精度和铸造方法等因素有关。单件小批量时,一般采用木模手工造型,其毛坯精度低,加工余量大,平面加工余量一般取 7 ~ 12 mm,孔在半径上的余量取 8 ~ 14 mm。批量生产时,箱体毛坯一般采用金属模机器造型,毛坯精度较高,加工余量小,其平面余量取 5 ~ 10 mm,孔在半径上的余量取 7 ~ 12 mm。

基孔制的部分孔加工余量如表 4 – 10 所示,部分平面的加工余量如表 4 – 11 所示。

表 4-10　基孔制 7、8、9 级孔的加工余量

| 加工孔直径 | 钻 第一次 | 钻 第二次 | 用车刀镗后 | 扩孔钻 | 粗铰 | 精铰 |
|---|---|---|---|---|---|---|
| 3 | 2.9 | — | — | — | — | 3 |
| 4 | 3.9 | — | — | — | — | 4 |
| 5 | 4.8 | — | — | — | — | 5 |
| 6 | 5.8 | — | — | — | — | 6 |
| 8 | 7.8 | — | — | — | 7.96 | 8 |
| 10 | 9.8 | — | — | — | 9.96 | 10 |
| 12 | 11.0 | — | — | 11.85 | 11.95 | 12 |
| 13 | 12.0 | — | — | 12.85 | 12.95 | 13 |
| 14 | 13.0 | — | — | 13.85 | 13.95 | 14 |
| 15 | 14.0 | — | — | 14.85 | 14.95 | 15 |
| 16 | 15.0 | — | — | 15.85 | 15.95 | 16 |
| 18 | 17.0 | — | — | 17.85 | 17.94 | 18 |
| 20 | 18.0 | — | 19.8 | 19.8 | 19.94 | 20 |
| 22 | 20.0 | — | 21.8 | 21.8 | 21.94 | 22 |
| 24 | 22.0 | — | 23.8 | 23.8 | 23.94 | 24 |
| 25 | 23.0 | — | 24.8 | 24.8 | 24.94 | 25 |
| 26 | 24.0 | — | 25.8 | 25.8 | 25.94 | 26 |
| 28 | 26.4 | — | 27.8 | 27.8 | 27.94 | 28 |
| 30 | 15.0 | 28.0 | 29.8 | 29.8 | 29.93 | 30 |
| 32 | 15.0 | 30.0 | 31.7 | 31.75 | 31.93 | 32 |
| 35 | 20.0 | 33.0 | 34.7 | 34.75 | 34.93 | 35 |
| 38 | 20.0 | 36.0 | 37.7 | 37.75 | 37.93 | 38 |
| 40 | 25.0 | 38.0 | 39.7 | 39.75 | 39.93 | 40 |
| 42 | 25.0 | 40.0 | 41.7 | 41.75 | 41.93 | 42 |
| 45 | 25.0 | 43.0 | 44.7 | 44.75 | 44.93 | 45 |
| 48 | 25.0 | 46.0 | 47.7 | 47.75 | 47.93 | 48 |
| 50 | 25.0 | 48.0 | 49.7 | 49.75 | 49.93 | 50 |
| 60 | 30.0 | 55.0 | 59.5 | — | 59.9 | 60 |
| 70 | 30.0 | 65.0 | 69.5 | — | 69.9 | 70 |
| 80 | 30.0 | 75.0 | 79.5 | — | 79.9 | 80 |
| 90 | 30.0 | 80.0 | 89.3 | — | 89.8 | 90 |
| 100 | 30.0 | 80.0 | 99.3 | — | 99.8 | 100 |
| 120 | 30.0 | 80.0 | 119.3 | — | 119.8 | 120 |
| 140 | 30.0 | 80.0 | 139.3 | — | 139.8 | 140 |
| 160 | 30.0 | 80.0 | 159.3 | — | 159.3 | 160 |
| 180 | 30.0 | 80.0 | 179.3 | — | 179.8 | 180 |

注：

□ 在铸件上加工直径到 15 mm 的孔时，不用扩孔钻扩孔。

□ 在铸铁上加工直径为 30 mm 与 32 mm 的孔时，仅用直径为 28 mm 与 30 mm 的钻头钻一次。

□ 如仅用一次铰孔，则铰孔的加工余量为本表中粗铰与精铰的加工余量总和。

表 4-11　平面加工余量

| 加工性质 | 加工面长度 $l$ | 加工面宽度 $w$ $w \leqslant 100$ 余量 $a$ | 加工面宽度 $w$ $w \leqslant 100$ 公差 | $100 < w \leqslant 300$ 余量 $a$ | $100 < w \leqslant 300$ 公差 | $300 < w \leqslant 1\,000$ 余量 $a$ | $300 < w \leqslant 1\,000$ 公差 |
|---|---|---|---|---|---|---|---|
| 粗加工后精刨或精铣 | $l \leqslant 300$ | 1 | 0.3 | 1.5 | 0.5 | 2 | 0.7 |
| 粗加工后精刨或精铣 | $300 < l \leqslant 1\,000$ | 1.5 | 0.5 | 2 | 0.7 | 2.5 | 1.0 |
| 粗加工后精刨或精铣 | $1\,000 < l \leqslant 2\,000$ | 2 | 0.7 | 2.5 | 1.2 | 3 | 1.2 |
| 精加工后磨削，零件在装置时未经校准 | $l \leqslant 300$ | 0.3 | 0.1 | 0.4 | 0.12 | — | — |
| 精加工后磨削，零件在装置时未经校准 | $300 < l \leqslant 1\,000$ | 0.4 | 0.12 | 0.5 | 0.15 | 0.6 | 0.15 |
| 精加工后磨削，零件在装置时未经校准 | $1\,000 < l \leqslant 2\,000$ | 0.5 | 0.15 | 0.6 | 0.15 | 0.7 | 0.15 |
| 精加工后磨削，零件装置在夹具中，或用百分表校准 | $l \leqslant 300$ | 0.2 | 0.1 | 0.25 | 0.12 | — | — |
| 精加工后磨削，零件装置在夹具中，或用百分表校准 | $300 < l \leqslant 1\,000$ | 0.25 | 0.12 | 0.3 | 0.15 | 0.4 | 0.15 |
| 精加工后磨削，零件装置在夹具中，或用百分表校准 | $1\,000 < l \leqslant 2\,000$ | 0.3 | 0.15 | 0.4 | 0.15 | 0.4 | 0.15 |
| 刮削 | $l \leqslant 300$ | 0.15 | 0.06 | 0.15 | 0.06 | 0.2 | 0.1 |
| 刮削 | $300 < l \leqslant 1\,000$ | 0.2 | 0.1 | 0.2 | 0.1 | 0.25 | 0.12 |
| 刮削 | $1\,000 < l \leqslant 2\,000$ | 0.25 | 0.12 | 0.25 | 0.12 | 0.3 | 0.15 |

**注：**

　□ 如几个零件同时加工,长度及宽度系指装置在一起的各零件长度或宽度及各零件之间的间隙的总和。

　□ 精刨或精铣时,最后一次行程前留的余量应≥0.5 mm。

　□ 热处理的零件,磨前加工余量应按表中数值乘以1.2。

　□ 磨削及刮削的加工余量和公差用于有公差的表面加工。

**实践**

根据已有原始资料及加工工艺要求,查阅机械设计手册,确定各加工表面的加工余量、工序尺寸及公差,具体如表4-12所示。

表4-12　箱体加工余量及工序尺寸

| 序号 | 工序内容 | 工序间余量 | 工序尺寸 | 表面结构参数 Ra |
|---|---|---|---|---|
| 1 | 粗刨对合面 | 3.5 | $363.1^{0}_{11}$ | 12.5 |
| 2 | 刨底面 | 2.5 | | 6.3 |
| 3 | 钻底面联接孔、锪沉孔 | 25<br>43<br>45 | $\phi25$<br>$\phi43$<br>$\phi45$ | 12.5 |
| 4 | 钻侧面油标孔、油塞孔、螺纹底孔、锪沉孔、攻螺纹 | | | 12.5 |
| 5 | 磨对合面 | 0.6 | | 1.6 |
| 6 | 箱盖、箱体装夹紧,配钻、铰定位孔,打入定位销,钻底面对合面联接孔、锪沉孔 | | | 12.5 |
| 7 | 铣轴承孔两端面 | 2.5 | | 3.2 |
| 8 | 粗镗轴承孔,切孔内槽 | ① 2.15<br>② 2.15 | ①$\phi199.3^{+0.25}_{0}$<br>②$\phi159.3^{+0.22}_{0}$ | 12.5<br>12.5 |
| 9 | 精镗轴承孔,切孔内槽 | ①0.35<br>②0.35 | ①$\phi200^{+0.035}_{0}$<br>②$\phi160^{+0.035}_{0}$ | 2.5<br>1.6 |

## 步骤八　箱体的检验

箱体的主要检验项目包括各加工表面的表面结构以及外观,孔与平面的尺寸精度及形状精度,孔距尺寸精度与孔系的位置精度,包括孔轴线的同轴度、平行度、垂直度,孔轴线与平面的平行度、垂直度等。

### 一、表面结构检验

表面结构参数值要求较小时,可用专用测量仪检测;较大时一般采用与标准样块比较或目测评定。外观检查只需根据工艺规程检查完成情况及加工表面是否有缺陷即可。

### 二、孔与平面的尺寸精度及形状精度检验

孔的尺寸精度一般采用塞规检验。当需要确定误差的数值或单件小批量生产时,用内径千分尺或内径千分表等进行检验;若精度要求很高,也可以用气动量仪检查。平面的直线度可以采用平尺和塞尺进行检验,也可以用水平仪与板桥检验;平面的平面度可用水平仪与板桥检验,也可以采用标准平板涂色检验。

### 三、孔距精度及其相互位置精度检验

#### 1. 孔距测量

孔距精度要求不高时,可以直接用卡尺测量;孔距精度要求较高时,可用检验心轴与千分尺或检验心轴与量块测量,如图 4 – 35 所示。

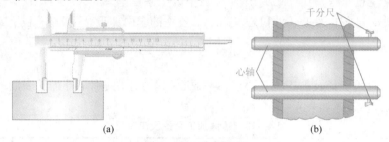

图 4 – 35　孔距测量

(a)卡尺直接测量;(b)千分尺与心轴配合测量

#### 2. 孔与孔轴心线平行度检验

将被测箱体放在平台上,用三个千斤顶支起。将测箱体的基准轴线与被测轴线均用心轴模拟,用百分表(或千分表)在垂直于心轴的轴线方向上进行测量。首先调整基准轴线与平台平行,然后测被测心轴两端的高度,则所测得的差值即为测量长度内孔轴线之间的平行度误差,如图 4 – 36 所示。

在平行面内的轴心线平行度的测量方法与垂直面内一样,将箱体转90°即可。

#### 3. 孔轴心线对平面平行度测量

将被测零件直接放在平台上,被测轴线由心轴模拟,用百分表(或千分表)测量心轴两端,其差值即为测量长度内轴心线对基面的平行度误差,如图 4 – 37 所示。

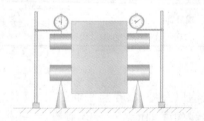 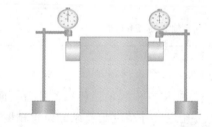

图 4 – 36　孔与孔轴心线平行度检验　　　　图 4 – 37　孔轴心线对平面平行度测量

#### 4. 孔系同轴度的检验

用检验棒检验同轴度是一般工厂最常用的方法。当孔系同轴度精度要求不高时,可用通用的检验棒配上百分表进行检验。如果检验棒能自由地推入同轴线上的孔内,即表明孔的同轴度符合要求。当孔系同轴度精度要求高时,可采用专用检验棒。若要确定孔之间同轴度的偏差数值,可利用检验棒和百分表检验。如图 4 – 38 所示。

#### 5. 两孔轴心线垂直度检验

两孔轴心线垂直度的检验可用图 4 – 39(a)或(b)所示的方法。基准轴线和被测轴线均由心轴模拟,图(a)的方法是先用直角尺校准基准心轴与台面垂直,然后用百分表测量被测心轴两处,其差值即为测量长度内两孔轴心线的垂直度误差;图(b)的方法是在基准心轴上装百分表,然后将基准心轴旋转180°,即可测定两孔轴心线在 $l$ 长度上的垂直度误差。

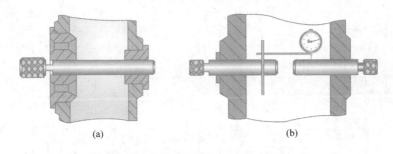

图 4 - 38　孔系同轴度的检验

(a)检验棒检验；(b)检验棒和百分表配合检验

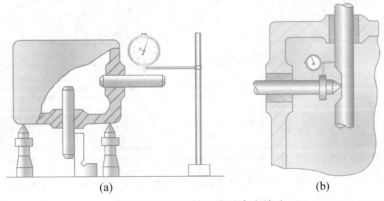

图 4 - 39　两孔轴心线垂直度检验

(a)先用直角尺,后用百分表；(b)基准心轴上装百分表

**6. 孔轴心线与端面垂直度的检验**

孔轴心线与端面垂直度的检验可用图 4 - 40(a)或(b)所示的方法。图(a)为在心轴上装百分表,将心轴旋转一周,即可测出检验范围内孔与端面的垂直度误差；图(b)为将带有检验圆盘的心轴插入孔内,用着色法检验与端面的接触情况,或者用塞尺检查圆盘与端面的间隙 $h$,可确定孔轴心线与端面的垂直度误差。

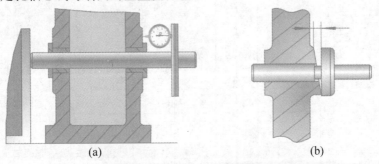

图 4 - 40　孔轴心线与端面垂直度的检验

(a)心轴上装百分表；(b)带有检验圆盘的心轴插入孔内

# 步骤九　工艺文件的填写

按已确定的工艺过程和工艺参数填写机械加工工艺过程卡和机械加工工序卡。

# 机械加工工艺过程卡格式

| 机械加工工艺过程卡 | | 产品型号 | | 产品名称 | 减速器 | 零(部)件图号 | | 零(部)件名称 | 箱体 | 共( )页 | 第( )页 |
|---|---|---|---|---|---|---|---|---|---|---|---|
| 材料牌号 HT150 | 毛坯种类 铸造 | 毛坯外形尺寸 920×400×360 | | 每个毛坯可制件数 | | 每台件数 1 | | | | 备注 | |

| 工序号 | 工序名称 | 工序内容 | 车间 | 工段 | 设备 | 工艺装备 | 工时 准终 | 工时 单件 |
|---|---|---|---|---|---|---|---|---|
| 1 | 毛坯 | 铸造毛坯 | | | | | | |
| 2 | 清砂 | 清除浇口、冒口、型砂、飞边、飞刺等 | 铸造 | | | | | |
| 3 | 热处理 | 人工时效处理 | 热处理 | | | | | |
| 4 | 涂漆 | 非加工面涂防锈漆 | | | | | | |
| 5 | 划线 | 划对合面加工线、划轴承孔端面加工线 | | | | | | |
| 6 | 刨 | 以底面为粗基准定位,按线找正,粗刨对合面,留磨削余量0.6 mm | 金工 | vB6050 | 刨夹具、游标卡尺 | | | |
| 7 | 刨 | 以对合面为精基准定位,装夹工件刨底面 | 金工 | | B6050 | 刨夹具、游标卡尺 | | |
| 8 | 钻 | 钻底面面联接孔、锪沉孔 | 金工 | | Z4012 | 专用钻模、麻花钻 | | |
| 9 | 钻 | 钻箱体联接孔、锪沉孔 | 金工 | | Z4012 | 专用钻模、麻花钻 | | |
| 10 | 钻 | 钻铰侧面油标孔、油塞孔 | 金工 | | Z4012 | 专用钻模、麻花钻 | | |
| 11 | 钻 | 钻螺纹底孔、锪沉孔、攻螺纹 | 金工 | | Z4012 | 专用工装 | | |
| 12 | 磨 | 以底面定位、装夹工件,磨对合面,保证最终尺寸 | 金工 | | MW1320 | 白刚玉砂轮、磨夹具、游标卡尺 | | |
| 13 | 钳 | 箱体底部用煤油做渗漏试验 | | | | | | |
| 14 | 检 | 检查各部加工质量 | | | | | | |

续表

| 机械加工工艺过程卡 | | 产品型号 | | 零(部)件图号 | | | 共( )页 | 第( )页 |
|---|---|---|---|---|---|---|---|---|
| | | 产品名称 | 减速器 | 零(部)件名称 | | | | |
| 材料牌号 HT150 | 毛坯种类 铸造 | 毛坯外形尺寸 920×400×360 | 每个毛坯可制件数 | | 每台件数 1 | 备注 | | |

| 工序号 | 工序名称 | 工序内容 | 车间 | 工段 | 设备 | 工艺装备 | 工时 准终 | 单件 |
|---|---|---|---|---|---|---|---|---|
| 15 | 钳 | 将箱盖、箱体合装，用联接螺栓、螺母夹紧 | | | | | | |
| 16 | 钻 | 钻、铰定位孔，打入定位销 | 金工 | | Z4012 | 钻夹具，麻花钻 | | |
| 17 | 铣 | 以底面定位，按划线找正装夹，铣轴承孔两端面 | 金工 | | XA6132 | 铣夹具，端面铣刀，游标卡尺 | | |
| 18 | 划线 | 以合箱后的对合面为基准，划轴承孔的加工线 | | | | | | |
| 19 | 镗 | 以底面定位，粗镗轴承孔，留0.35 mm的加工余量，同时保证中心距尺寸精度及对合面与轴承孔的位置精度；切孔内槽 | 金工 | | T612 | 镗夹具，镗刀，游标卡尺 | | |
| 20 | 镗 | 以底面定位，精镗轴承孔至图样尺寸，保证中心距尺寸精度；切孔内槽 | 金工 | | T612 | 镗夹具，镗刀，游标卡尺 | | |
| 21 | 钳 | 拆箱，清理飞边毛刺 | | | | | | |
| 22 | 钳 | 合箱，装锥销、紧固 | | | | | | |
| 23 | 检验 | 检查各部尺寸及精度 | | | | | | |

| | | 设计(日期) | 审核(日期) | 标准化(日期) | 会签(日期) |
|---|---|---|---|---|---|
| 标记 | 处数 | 更改文件号 | 签字 | 日期 | |
| 标记 | 处数 | 更改文件号 | 签字 | 日期 | |

描图

描校

底图号

装订号

## 巩固与拓展

### 一、巩固自测

(1)箱体零件在机械中有什么作用?

(2)箱体零件一般技术要求有哪些?

(3)箱体零件常用材料有哪些,各有什么特点?

(4)铸造箱体零件时,为什么常会有残余应力,如何消除?

(5)对于某具体的箱体零件,如何选择铸造方法?

(6)不同箱体零件加工工艺有什么共性特点?

(7)选择箱体零件加工的粗基准时,一般应满足什么要求?

(8)为了保证箱体零件孔与孔、孔与平面、平面与平面之间的相互位置和距离尺寸精度,箱体类零件精基准常采用基准统一和基准重合两种原则。什么是基准统一和基准重合?

(9)简述刨削加工的加工范围。

(10)为什么刨刀的前角比车刀小 $5° \sim 6°$?

(11)什么是模具? 砂轮有哪几个要素?

(12)简述找正法、镗模法、坐标法。

### 二、拓展任务

(1)结合本任务所学知识,仔细阅读《自主学习手册》箱体加工工艺案例。

(2)根据任务四的工作步骤及方法,利用所学知识,自主完成《自主学习手册》中的学习,同时参考 C6150 车床主轴箱体(见图 4 - 41)、曲轴箱的工艺分析与工艺规程的制订,完成小型蜗轮减速箱体零件的工艺编制,并填写《×××工艺编制工作单》及《机械加工工艺过程卡》。

在完成任务的过程中,自主学习掌握铣床、镗床操作规范,进一步掌握箱体定位基准、加工方法的选择、工序尺寸确定方法等。

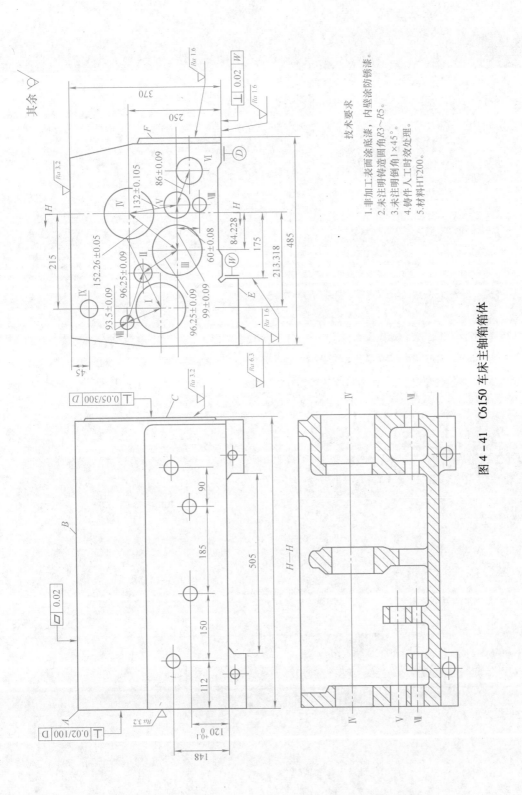

技术要求
1. 非加工表面涂底漆，内壁涂防锈漆。
2. 未注明铸造圆角 R3~R5。
3. 未注明倒角 1×45°。
4. 铸件人工时效处理。
5. 材料 HT200。

图 4-41　C6150 车床主轴箱箱体

机械加工工艺制订

任务五

减速器装配工艺编制

# 任务目标

通过本任务的学习，学生掌握以下职业能力：

□ 通过参考资料、网络、现场及其他渠道收集信息；
□ 在团队协作中正确分析、解决实际问题；
□ 正确分析减速器装配技术要求，选择合理可靠的装配方法；
□ 正确划分装配单元并合理确定装配顺序；
□ 合理划分装配工序；
□ 正确应用装配尺寸链；
□ 正确、清晰、规范填写工艺文件。

# 任务描述

## ● 任务内容

某厂设计制造各型号减速器，拥有多种加工设备，具体见表 2-1。图 2-1 为某型号减速器的装配图，年产量为 150 台。现减速器各零件均已备好，请分析该减速器，确定生产类型，选择正确的装配方法，确定装配顺序，正确划分装配工序，并填写工艺文件。

## ● 实施条件

（1）减速器装配图、零件图、多媒体课件及必要的参考资料，供学生自主学习时获取必要的信息，教师引导或指导学生实施任务时提供必要的答疑。

（2）工作单及工序卡，供学生获取知识和任务实施时使用。

## ● 装配的基本概念

任何机器都是由若干个零件、组件和部件组成的。按照规定的技术要求，将零件、组件和部件进行配合和连接，使之成为半成品或成品的工艺过程称为装配。把零件、组件装配成部件的过程称为部件装配，而将零件、组件和部件装配成最终产品的过程称为总装配。

装配不仅对保证机器质量十分重要，还是机器生产的最终检验环节。通过装配可以发现产品设计上的错误和零件制造工艺中存在的质量问题。因此，研究装配工艺，选择合适的装配方法，制订合理的装配工艺规程，不仅可以保证机械装配质量，也可提高生产效率与降低制造成本。

## ● 减速器简介

减速器是原动机与工作机之间独立的闭式传动装置，具有降低转速增大扭矩、减少负载惯量的作用。它是一种典型的机械基础部件，广泛应用于各个行业，如冶金、运输、化工、建筑、食品，甚至艺术舞台。在某些场合，也可用作增速的装置，此时称为增速器。

减速器种类繁多，型号各异，不同种类有不同的用途。按照传动类型可分为齿轮减速器、蜗杆减速器和行星齿轮减速器；按照传动级数不同可分为单级和多级减速器；按照齿轮形状可分为圆柱齿轮减速器、圆锥齿轮减速器和圆锥—圆柱齿轮减速器；按照传动的布置形式又可分为展开式、分流式和同轴式减速器。常用的减速器类型如图5-1所示。

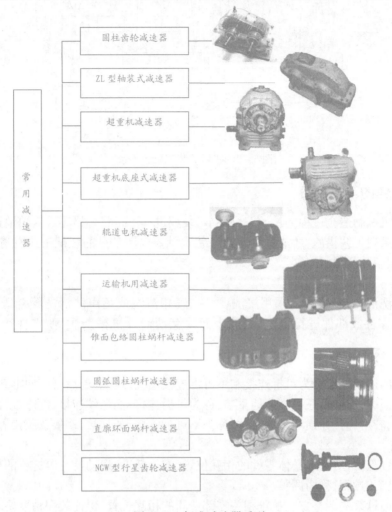

图5-1 标准减速器系列

# 程序与方法

## 步骤一 装配工艺认知

### 一、装配工艺相关术语

装配工艺过程是指按照规定的程序和技术要求,将零件进行配合和连接使之成为机器或部件的工艺过程。任何机器都可以分为若干个装配单元,如合件、组件、部件。由两个或两个以上的零件结合成的整体件,装配后一般不可拆卸,这种整体件称为合件,它是最小的装配单元;在一个基准零件上,装上若干个合件及零件的组合体,组件组装后,在以后的装配中根据需要可以拆开,称为组件;在一个基准零件上,装上若干个组件、合件及零件组合而成,可以完成某种功能的零件集合称为部件。零件、合件、组件、部件及机器之间的关系如图5-2所示。

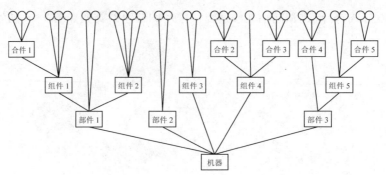

图5-2　机器的装配单元关系

## 二、装配工作的基本内容

装配是机械制造全过程的最后一个环节,装配过程不是将合格零件简单地连接起来,而是要通过一系列工艺措施,才能最终达到产品质量要求。常见的装配工作有清洗、连接、调整、检验和试验等几项。

**1. 清洗**

应用清洗液和清洗设备,采用浸洗、喷洗、气相清洗或超声波清洗等合适的清洗方法对装配前的零件或部件进行清洗,去除表面残存油污及机械杂质,使零件达到规定的清洁度。

**2. 连接**

装配中的连接一般分为可拆连接和不可拆连接两类。在装配后可方便拆卸而不会导致任何零件的损坏,拆卸后还可方便地重装,称为可拆连接,如螺纹连接、键连接等。装配后一般不再拆卸,若拆卸往往损坏某些零件,称为不可拆连接,如焊接、铆接或胶接等。

**3. 调整**

在装配过程中,对某些具体零件的相互位置、配合精度、运动特性等进行的校正、配作或平衡等系列工艺过程,称为调整。

校正是通过某些调整方法校正相关零部件间的相互位置,保证装配精度要求等。

配作是指两个零件装配后确定其相互位置或配合精度的加工,如配钻、配铰、配刮、配磨等。配作常和校正工作结合进行。

平衡是为防止使用中出现振动,装配时对旋转零部件进行的平衡,包括静平衡和动平衡两种方法。一般情况下,对于细长件应进行动平衡,对于短粗件应进行静平衡。

**5. 检验和试验**

机械产品装配完后,应根据有关技术标准和规定,对产品进行较全面的检验和试验工作,合格后才准出厂。

除上述装配工作外,油漆、包装等也属于装配工作。

装配工作对机械的质量影响很大。若装配不当,即使所有零件加工合格,也不一定能够装配出合格的高质量的机械;反之当零件制造质量不十分良好时,只要装配中采用合适的工艺方案,也能使机械达到规定的要求,因此,装配质量对保证机械质量起极其重要的作用。

## 三、制订装配工艺规程的基本原则

制订装配工艺规程的基本原则如下。

（1）保证装配质量，力求提高质量，以延长机械的使用寿命。

（2）合理安排装配顺序和工序，尽量减少手工劳动量，缩短装配周期，提高装配效率。

（3）尽量减少装配占地面积，提高单位面积的生产率。

（4）尽量减少装配工作所占的成本，如减少装配生产面积，提高单位面积的生产率；减少工人的数量、缩短装配周期、降低对工人技术等级要求，减少装配投资等。

## 四、装配工艺制订步骤

### 1. 研究分析产品装配图及验收技术条件

（1）了解机器及部件的具体结构、装配技术要求和检验验收的内容及方法。

（2）审核机械图样的完整性、正确性，分析审查产品的结构工艺性。

（3）研究技术文件规定的装配方法，进行必要的装配尺寸链分析与计算。

### 2. 确定装配方法与装配组织形式

装配方法与装配组织形式的选择，主要取决于质量、尺寸及复杂程度等机械结构特点、生产纲领和现有生产条件。要结合具体情况，从机械加工和装配的全过程着眼应用尺寸链理论，综合考虑确定装配方法。

装配的组织形式主要分固定式和移动式两种，对于固定式装配，其全部装配工作在一个固定的地点进行，产品在装配过程中不移动，多用于单件小批生产或重型产品的成批生产。移动式装配是将零部件用输送带或移动小车按装配顺序从一个装配地点移动至下一个装配地，各装配点仅完成一部分工作。

### 3. 划分装配单元和确定装配顺序

装配单元的划分是制订装配工艺规程中的最重要的步骤，这对于大批大量生产结构复杂的机械尤为重要。只有划分好装配单元，才能合理安排装配顺序和划分装配工序。

无论哪一级装配单元都要选定某一零件或比它低一级的单元作为装配基准件。通常应选体积或质量较大，有足够支承面能够保证装配时稳定性的零件、部件或组件作为装配基准件。

**案例**：车床装配时，一般将床身零件作为床身组件的装配基准件，将床身组件作为床身部件的装配基准组件，将床身部件作为车床的装配基准部件。

划分好装配单元并确定装配基准零件之后，即可安排装配顺序。确定装配顺序的要求是保证装配精度以及使装配连接、调整、校正和检验工作能顺利进行，前面工序不妨碍质量等。为了清晰地表示装配顺序，常用装配单元系统图来表示，如图 5 - 3 ~ 图5 - 5所示。它是表示产品零、部件间相互装配关系及装配流程的示意图。具体说来装配顺序一般是"先难后易、先内后外、先下后上，预处理工序在前"。

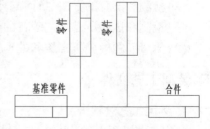

图 5 - 3　合件装配系统

### 4. 装配工序的划分与设计

装配工序确定后，就可将工艺过程划分为若干个工序，并进行具体装配工序的设计。装配工序的划分主要是确定工序集中与工序分散的程度。工序的划分通常和工序设计一起进行。工序设计主要内容如下。

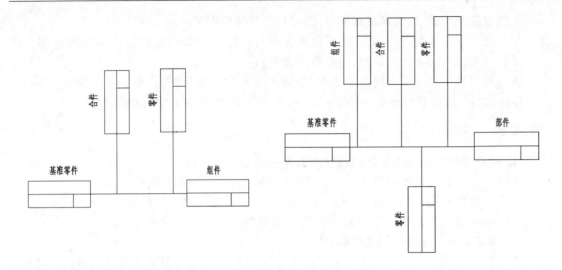

图 5-4 组件装配系统      图 5-5 部件装配系统

（1）制订工序的操作规范。例如，过盈配合所需压力、紧固螺栓连接的预紧扭矩、装配环境等。

（2）选择设备与工艺装备。若需要专用装备与工艺装备，则应提出设计任务书。

（3）确定工时定额，并协调各工序内容。在大批大量生产时，要平衡工序的节拍，均衡生产，实施流水装配。

**5. 编制装配工艺文件**

单件小批生产时，通常只绘制装配系统图，装配时按机械装配图及装配系统图工作。成批生产时，通常还制订部件、总装的装配工艺卡，写明工序次序、简要工序内容、设备名称、工装夹具名称及编号、工人技术等级和时间定额等。

**6. 制订机械检验与试验规范**

机械检验与试验规范一般包括以下几项内容。

（1）检测和试验的项目及检验质量指标。

（2）检测和试验的方法、条件与环境要求。

（3）检测和试验所需工艺装备的选择与设计。

（4）质量问题的分析方法和处理措施。

## 五、装配工艺文件

**1. 装配工艺过程卡**

装配工艺过程卡是装配工艺的主要文件，其中包括装配工序、装配工艺装备（工具、夹具、量具等）、时间定额等，见表 5-1。

**2. 装配工艺系统图**

单件小批生产时通常不制订工艺过程卡而是用装配工艺系统图来代替。装配工艺系统图是在装配单元系统图上加注必要的工艺说明（如焊接、配钻、攻丝、铰孔及检验等）。此图较全面地反映了装配单元的划分、装配的顺序及方法，是装配工艺中的主要文件之一。

对复杂产品，还需填写装配工序卡，见表 5-2。此外，还有装配检验及试验卡。

表 5 - 1 装配工艺过程卡

| 装配工艺过程卡 | | 产品型号 | | 零 (部) 件图号 | | | 共 ( ) 页 | 第 ( ) 页 |
|---|---|---|---|---|---|---|---|---|
| | | 产品名称 | | 零 (部) 件名称 | | | | |
| 工序号 | 工序名称 | 工序内容 | 装配部门 | 设备及工艺装备 | | 辅助材料 | | 工时定额 min |
| | | | | | | | | |
| | | | | | | | | |
| | | | | | | | | |
| | | | | | | | | |
| | | | | | | | | |
| | | | | | | | | |
| | | | | | | | | |
| | | | | | | | | |
| | | | | | | | | |
| | | | | | | 设计 (日期) | 审核 (日期) | 标准化 (日期) | 会签 (日期) |
| | | | | | | | | |
| 描图 | | | | | | | | |
| 描校 | | | | | | | | |
| 底图号 | | | | | | | | |
| 装订号 | | | | | | | | |
| 标记 | 处数 | 更改文件号 | 签字 | 日期 | 标记 | 处数 | 更改文件号 | 签字 | 日期 |

表 5 - 2　装配工序卡

| 装配工序卡 | | 产品型号 | | 零(部)件图号 | | 共( )页　第( )页 |
|---|---|---|---|---|---|---|
| | | 产品名称 | | 零(部)件名称 | | |
| 工序号 | 工序名称 | 车间 | 工段 | 设备 | | 工序工时 |
| 工序图简图 | | | | | | |
| 工步号 | 工步内容 | | 工艺装备 | | 辅助材料 | 工时定额 min |
| | | | | | | |
| | | | 设计(日期) | 审核(日期) | 标准化(日期) | 会签(日期) |
| 描图 | | | | | | |
| 描校 | | | | | | |
| 底图号 | 标记 | 处数 | 更改文件号 | 签字 | 日期 | |
| 装订号 | 标记 | 处数 | 更改文件号 | 签字 | 日期 | |

## 步骤二　生产类型的确定及结构技术要求分析

 知识准备

### 一、装配工艺特征

根据装配工作生产值的大小,装配生产类型可分为大批量生产、成批生产和单件小批生产。生产类型不同,装配工作在组织形式、装配方法、工艺装备等方面有很大区别。各种生产类型装配工作的特征见表 5 - 3。

表 5 - 3　各种生产类型的装配工艺特征

| 装配工艺特征 | 生 产 类 型 | | |
| --- | --- | --- | --- |
| | 大批量生产 | 成批生产 | 单件小批生产 |
| 产品专业化程度 | 产品固定,生产活动长期重复,生产周期一般较短 | 产品在系列化范围内变动,分批交替投产或多品种同时投产,生产活动在一定时期内重复 | 产品经常变换,不定期重复生产,生产周期一般较长 |
| 组织形式 | 多采用流水装配线:有连续移动、间歇移动及可变节奏等移动方式,还可采用自动装配机或自动装配线 | 笨重、批量不大的产品多采用固定流水装配,多品种平行投产时用多品种可变节奏流水装配 | 多采用固定装配或固定式流水装配进行总装,同时对批量较大的部件亦可采用流水装配 |
| 装配工艺方法 | 按互换法装配,允许有少量简单的调整,精密偶件成对供应或分组供应装配,无任何修配工作 | 主要采用互换法,但应灵活运用其他保证装配精度的装配工艺方法,如调整法、修配法和合并法,以节约加工费用 | 以修配法及调整法为主,互换件比例较少 |
| 工艺过程 | 工艺过程划分很细,力求毅的均衡性 | 工艺过程的划分须适合批量的大小,尽量使生产均衡 | 一般不制订详细的工艺文件,工序可适当调整,工艺也可灵活掌握 |
| 工艺装备 | 专业化程度高,宜采用高效工艺装备,易于实现机械化、自动化 | 通用设备较多,但也采用一定数量的专用工、夹、量具,以保证装配质量和提高工效 | 一般为通用设备及通用工、夹、量具 |
| 手工操作要求 | 手工操作比重小,熟练程度容易提高,便于培养新工人 | 手工操作比重较大,技术水平要求较高 | 手工操作比重大,要求工人有高的技术水平和多方面的工艺知识 |
| 应用实例 | 汽车、拖拉机、内燃机、流动轴承、手表、缝纫机、电气开关 | 机床、机车车辆、中小型锅炉、矿山采掘机械 | 重型机床、重型机器、汽轮机、大型内燃机、大型锅炉 |

### 二、机器结构的装配工艺性

装配工艺性是指机器的结构在满足装配精度要求和方便维修、使用的条件下,能用较少劳动量和较高的生产率进行装配的一种属性,也就是结构的装配工艺性好,则容易保证装配精度和生产率,并便于机器的维修和使用;结构的装配工艺性不好,则装配工作比较困难,甚至装配工作无法进行,同时机器的使用和维修也会受到影响。

**1. 独立的装配单元**

机器能否分为若干独立的装配单元,是结构装配工艺性的首要问题。机器划分为若干独立的装配单元,一是有利于组织流水装配,使装配工作专业化;二是有利于提高装配质量,缩短整个装配工作的周期,从而提高装配劳动生产率;三是有利于重型机械包装运输。

**2. 便于装配和拆卸**

便于装配主要表现在零件能顺利装配出机器来。此外,因为机器在使用过程中不可避免地要进行小、中、大修,所以还要注意零、部件拆卸要方便。

**3. 减少在装配时的机械加工和修配工作**

装配时的修配工作,不仅技术要求高,而且多半是手工操作,既费工又难于确定工作量。因此在结构设计中应考虑如何将装配时的修配工作减到最低限度。

## 三、装配体结构工艺性

(1)在轴和孔配合时,若要求轴肩和孔的端面相互接触,则应在孔口处加工出倒角或在轴肩处加工退刀槽,以确保两个端面的接触良好,如图5-6所示。

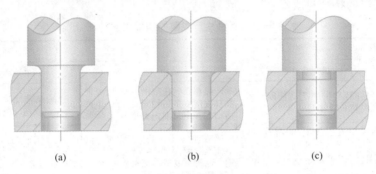

图5-6　轴、孔配合
(a)不合理;(b)圆角;(c)退刀槽

(2)两个零件在同一方向上只允许有一对接触面,这样既方便加工又保证良好接触,反之,既给加工带来麻烦又无法满足接触要求,如图5-7所示。

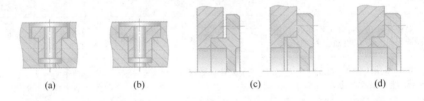

图5-7　两零件接触面
(a)径向一对接触面,合理;(b)径向两对接触面,不合理;(c)轴向一对接触面,合理;
(d)轴向两对接触面,不合理

(3)在安装滚动轴承时,为防止其轴向窜动,有必要采用一些轴向定位结构来固定其内、外圈,如图5-8所示。常用的结构有轴肩、台肩、圆螺母和各种挡圈。在安装滚动轴承时还应考虑到拆卸的方便与否,如图5-9所示。

(4)为了保证螺纹能顺利旋紧,可考虑在螺纹尾部加工退刀槽或在螺孔端口加工倒角。为保证连接件与被连接件的良好接触,应在被连接件上加工出沉孔或凸台,如图5-10所示。

(5)螺纹紧固件的防松结构:大部分机器在工作时常会产生振动或冲击,因而导致螺纹紧固件松动,影响机器的正常工作,甚至诱发严重事故,所以螺纹连接中一定要设计防松装置。常用的防松装置有双螺母、弹簧垫圈、止退垫圈和开口销等,如图5-11所示。

　实践

**1. 生产类型的确定**

根据生产任务的要求,查阅表1-7知,减速器的装配属小批量生产。其工艺特征如下。

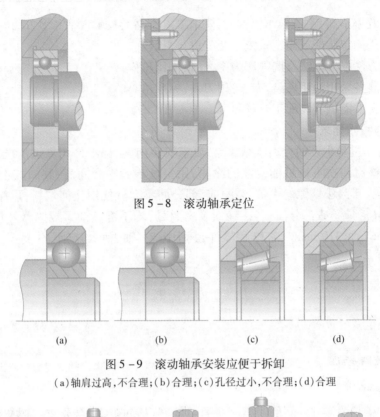

图 5 – 8　滚动轴承定位

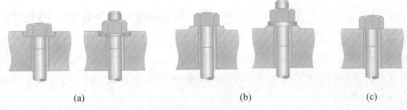

(a)　　　　　(b)　　　　　(c)　　　　　(d)

图 5 – 9　滚动轴承安装应便于拆卸

(a)轴肩过高,不合理;(b)合理;(c)孔径过小,不合理;(d)合理

(a)　　　　　(b)　　　　　(c)

图 5 – 10　螺纹连接

(a)沉孔;(b)凸台;(c)不合理

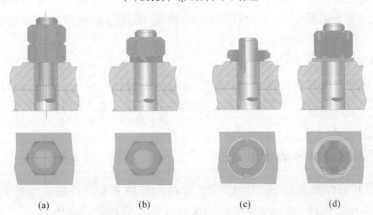

(a)　　　　　(b)　　　　　(c)　　　　　(d)

图 5 – 11　螺纹防松结构

(a)双螺母防松;(b)弹簧垫圈防松;(c)止退垫圈防松;(d)开口销防松

（1）生产效率不高，手工操作比重大，要求工人有高的技术水平和多方面的工艺知识。

（2）多采用固定装配或固定式流水装配进行总装。

（3）装配方法以修配法及调整法为主，互换件比较少。

（4）工艺装备采用通用夹具，专、通用刀具，标准量具。

（5）工艺文件需编制装配工艺过程卡。

**2. 结构与技术要求**

减速器为小批量生产的分离式减速器，要求安装前，全部零件用煤油清洗，箱内不许杂物存在，在内壁涂两次不被机油侵蚀的涂料；用铅丝检验啮合间隙，其间隙不得小于 0. 16 mm，铅丝不得大于最小侧隙的 4 倍；装配前，部分面不允许使用任何填料，可涂以密封油漆或水玻璃，试转时应检查部分面、各接触面及密封处，均不准漏油。减速器外形尺寸为 920 ×（390. 59 + 367）×310 mm。共 29 种零件，其中齿轮、轴、轴承、定距环、透盖、闷盖和箱体间存在装配关系。

# 步骤三　装配方法的选择与装配顺序的安排

 知识准备

## 一、机械的装配精度

### 1. 尺寸精度

尺寸精度指相关零部件间的距离尺寸的精度，包括间隙、配合要求。例如卧式车床前、后两顶尖对床身导轨的等高度。

### 2. 位置精度

位置精度指相关零件的平行度、垂直度和同轴度等方面的要求。例如台式钻床主轴对工作台台面的垂直度。

### 3. 相对运动精度

相对运动精度是以相互位置精度为基础的，是指产品中有相对运动的零部件间在运动方向上和相对速度上的精度。它包括回转运动精度、直线运动精度和传动链精度等。例如滚齿机滚刀与工作台的传动精度。

### 4. 接触精度

接触精度指两个配合或连接表面达到规定的接触面积大小的接触点的分布情况，它主要影响接触变形，同时也影响配合性质。例如齿轮啮合、锥体配合以及导轨之间的接触精度。

## 二、零件精度与装配精度的关系

（1）机械及其部件都是由零件组成的，装配精度与相关零部件制造误差的累积有关，特别是关键零件的加工精度。因此，零件的精度是保证装配精度的基础。

（2）有了精度合格的零件，若装配方法不当也可能装配不出合格的机器。反之，当零件制造精度不高时，若采用恰当的装配方法也可装配出具有较高装配精度的产品。因此，装配精度不但取决于零件的精度，还取决于装配方法。

### 三、保证装配精度的工艺方法

装配精度是靠正确选择装配方法和零件制造精度来保证的。装配方法对部件的装配生产率和经济性有很大影响。为达到装配精度,应合理选择装配方法。常用装配方法有互换法、选配法、修配法、调整法等,其工艺特征如表 5 - 4 所示。

在装配精度要求不高、零件的尺寸公差能在加工时经济地保证时,应采用完全互换法解尺寸链。只有当装配精度要求较高,用完全互换法求解的尺寸链使零件尺寸公差过小时,才需考虑采用其他装配方法。在采用补偿法(调整装配法和修配装配法)时,应合理地选择补偿环。补偿环的位置应尽可能便于调节,或便于拆卸。

表 5 - 4　不同装配方法的工艺特征

| 装　配　方　法 | | 概　　念 | 选　用　场　合 |
|---|---|---|---|
| 互换法 | 完全互换法 | 各配合件不需要挑选、修配,也不需要调整,装配后即可达到规定的装配精度 | 优先选用,多用于低精度或较高精度少环装配 |
| | 不完全互换法 | 各配合件需经挑选、修配或调整再进行装配才可达到规定的装配精度 | 大批量生产装配精度要求较高环数较多的情况 |
| 选配法 | 直接选配法 | 由工人在许多待装的零件中,经多次挑选试装,凭经验保证装配精度 | 成批大量生产精度要求很高环数少的情况 |
| | 分组选配法 | 事先将互配零件的尺寸公差按完全互换法所求的值扩大数倍(一般为 2 ~ 4 倍),使其能按经济精度加工,再通过测量零件尺寸,装配时按对应组分别装配以达到装配精度要求 | 大批量生产精度要求特别高环数少的情况 |
| | 复合选配法 | 是直接选配法和分组选配法的复合,即零件预先测量分组,装配时再在各相应组内凭工人经验直接选配 | 大批量生产精度要求特别高环数少的情况 |
| 修配法 | 单件修配法 | 将零件按经济精度加工后,装配时将预定的环用修配加工来改变其尺寸,以保证装配精度 | 单件小批生产装配精度要求很高环数较多的情况,组成环按经济精度加工,生产率低 |
| | 合并修配法 | 将两个或多个零件合并在一起进行加工修配 | |
| | 自身加工修配法 | 在机床装配后自己加工自己,以保证加工精度 | |
| 调整法 | 可动调整法 | 采用改变调节件的位置来保证装配精度的方法 | 小批生产装配精度要求较高环数较多的情况 |
| | 固定调整法 | 在尺寸链中选定一个或加入一个零件作为调整环 | 大批量生产装配精度要求较高环数较多的情况 |
| | 误差抵消调整法 | 通过调节某些相关零件的误差方向,使其互相抵消 | 小批生产装配精度要求较高环数较多的情况 |

一般来说,应优先选用完全互换法;在生产批量较大、组成环又较多时,应考虑采用不完全互换法;在封闭环的精度较高,组成环数较少时,可以采用选配法;只有在上述方法使零件

加工很困难或不经济时,特别是中小批生产时,尤其是单件生产时,才宜采用修配法或调整法。

## 四、装配尺寸链原理与应用

机械的装配精度是由相关零件的加工精度和合理的装配方法共同保证的。因此,如何查找哪些零件对某装配精度有影响,进而选择合理的装配方法和确定这些零件的加工精度,就成了机械制造和机械设计工作中的一个重要课题。为了正确地和定量地解决上述问题,就需将尺寸链基本理论应用到装配中,即建立装配尺寸链和计算求解尺寸链。

**1. 建立装配尺寸链的方法**

装配尺寸链是在完整的装配图或示意图上,表达装配精度和相关零件精度之间关系的环。它也由封闭环、组成环组成。建立装配尺寸链就是根据封闭环,查找组成环—相关零件设计尺寸,并画出尺寸链图,判别组成环的性质(判别增、减环)。

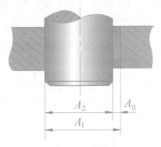

图 5 – 12　轴孔配合的装配尺寸链

在装配关系中,对装配精度有直接影响的零部件的尺寸和位置关系,都是装配尺寸链的组成环。如同工艺尺寸链一样,装配尺寸链的组成环也分为增环和减环。

**案例:**图 5 – 12 所示为轴与孔配合的装配关系,装配后要求轴孔有一定的间隙。轴孔间的间隙 $A_0$ 就是该尺寸链的封闭环,它是由孔尺寸 $A_1$ 和轴尺寸 $A_2$ 装配后形成的尺寸。此时,孔尺寸 $A_1$ 增大,间隙 $A_0$(封闭环)亦随之增大,故 $A_1$ 为增环,反之,轴尺寸 $A_2$ 为减环。其尺寸链方程为

$$A_0 = A_1 - A_2$$

**2. 装配尺寸链的查找方法**

尺寸链计算前,需要查明装配尺寸链的组成,并建立尺寸链。其查找方法是根据装配精度要求确定封闭环。再取封闭环两端的任一个零件为起点,沿装配精度要求的位置方向,以装配基准面为查找的线索,分别找出影响装配精度要求的相关零件(组成环),直至找到同一基准零件,甚至是同一基准表面为止。查找装配尺寸链应注意以下几方面的问题。

(1)装配尺寸链应进行必要的简化。机械产品的结构通常都比较复杂,对装配精度有影响的因素很多,在查找尺寸链时,可不考虑那些影响较小的因素,使装配尺寸链适当简化。

**案例:**图 5 – 13 所示为车床主轴与尾座中心线等高性问题。影响该项装配精度的因素有主轴滚动轴承外圆与内孔的同轴度误差 $e_1$、尾座顶尖套锥孔与外圈的同轴度误差 $e_2$、尾座顶尖套与尾座孔配合间隙引起的向下偏移量 $e_3$、床身上安装主轴箱和尾座的平导轨面的高度差 $e_4$,其装配尺寸链如图 5 – 14 所示。但由于 $e_1$、$e_2$、$e_3$、$e_4$ 的数值相对主轴锥孔中心线至尾座底板距离 $A_1$、尾座底板厚度 $A_2$、尾座顶尖套锥孔中心线至尾座底板距离 $A_3$ 和 $A_0$ 的误差而言是较小的,其对装配精度影响也较小,故装配尺寸链可以简化。但在精度装配中,应当计入所有对装配精度有影响的因素,不可随意简化。

(2)装配尺寸链组成的"一件一环"原则。在装配精度既定的条件下,组成环数越少,则各组成环分配到的公差值就越大,零件加工越容易、越经济。这样,在产品结构设计时,在满足产品工作性能的条件下,应尽量简化产品结构,使影响产品装配精度的零件数尽量减少。

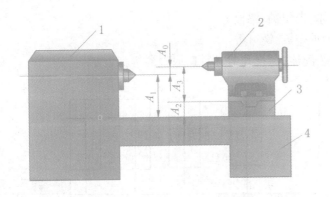
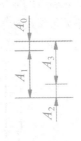

图 5 - 13　主轴箱主轴与尾座套筒中心线等高结构示意　　　　图 5 - 14　尺寸链
1—主轴箱;2—尾座;3—尾座底板;4—床身

在查找装配尺寸链时,每个相关的零部件只应有一个尺寸作为组成环列入装配尺寸链,即将连接两个装配基准面间的位置尺寸直接标注在零件图上。这样组成环的数目就等于有关零部件的数目,即"一件一环",这就是装配尺寸链的最短路线(环数最少)原则。

(3)装配尺寸链的"方向性"。在同一装配结构中,在不同位置方向都有装配精度要求时,应按不同方向分别建立装配尺寸链。

**3. 装配尺寸链的计算方法**

装配方法与装配尺寸链的计算方法密切相关。同一项装配精度,采用不同的装配方法时,其装配尺寸链的计算方法也不相同。

装配尺寸链的计算可分为正计算和反计算两种。已知与装配精度有关的相关零部件的基本尺寸及其偏差,求解装配精度要求(封闭环)的基本尺寸及偏差的计算过程称为正计算,它用于对已设计的图样进行校核验算。已知装配精度要求(封闭环)的基本尺寸及偏差,求解与该项装配精度有关的各零部件基本尺寸及偏差的计算过程称为反计算,它主要用于产品设计过程之中,以确定各零部件的尺寸和加工精度。

**实践**

此分离式减速器因批量小,精度适中,采用完全互换法进行装配能够保证其精度要求。

以箱体为装配基准件,将减速器划分成主动轴组件、从动轴组件、其他零件等装配单元进行装配;考虑产品的结构特点及生产条件,按固定式组织形式进行装配。

装配步骤如下。

(1)主动轴组件的装配包括主动轴(齿轮轴)、两端轴承等零件。

(2)从动轴组件的装配包括从动轴、键、大齿轮、大定距环、两端轴承等零件。

(3)箱体的装配包括以下内容。

① 与从动轴组件的装配:箱体、从动轴组件。

② 与主动轴组件的装配:装配体、主动轴组件。

③ 螺塞及油尺组件的装配:螺塞、油尺组件。

(4)总装配包括以下内容。

① 箱盖的装配:装配体、箱盖。

② 定位销及螺栓的组装:装配体、定位销、螺栓等。

③ 轴承端盖的组装:装配体、轴承端盖、螺钉等。

④ 窥视孔盖及通气器的组装:装配体、窥视孔盖、螺钉、通气器等。

减速器装配工艺系统如图 5–15 所示。

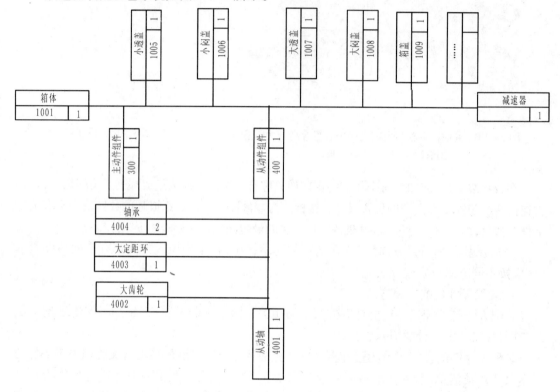

图 5–15　减速器装配工艺系统

# 步骤四　划分装配工序

 知识准备

## 一、装配工序的划分原则

装配工序的划分原则如下。

(1)前面工序不应妨碍后面工序的进行。因此,预处理工序要先行,如清洗、倒角、去毛刺和飞边、防腐除锈处理、油漆等安排在前。

(2)后面工序不能损坏前面工序的装配质量。因此,冲击性装配、压力转、加热装配、补充加工工序等应尽量安排在早期进行。

(3)减少装配过程中的运输、翻身、转位等工作量。因此,相对基准件处于同一范围的装配作业,使用同样装配工装、设备或对装配环境有同样特殊要求的作业应尽可能连续安排。

(4)减少安全防护工作量及其设备。对于易燃、易爆、易碎、有毒物质或零部件的安装,应尽可能放到后期进行。

(5)电线、气管、油管等管线的安装根据情况安排在合适工序中。

(6)及时安排检验工序,特别是在对产品质量影响较大的工序后,要经检验合格后才允许进行后面的装配工序。

## 二、装配工序的划分步骤

装配工序的划分步骤如下。

(1)确定工序集中与分散的程度。

(2)划分装配工序,确定各工序的作业内容。

(3)确定各工序所需的设备,需要时要拟订专用装配的设计任务书。

(4)制订各工序操作规范,如清洗工序的清洗液,清洗湿度及时间,过盈配合的压入力,变温装配的加热温度,紧固螺栓、螺母的旋紧力矩和旋紧顺序,装配环境要求等。

(5)制订各工序装配质量要求、检测项目和方法。

(6)确定各工序工时定额,并平衡各工序的生产节拍。

 实践

单件小批量采用固定式装配,其装配工序划分如表5-5所示。装配流程如图5-16所示。

表5-5 固定式装配工序划分

| 工 序 号 | 工 序 内 容 | 装 配 部 门 |
|---|---|---|
| 1 | 主动轴组件装配 | 钳工车间 |
| 2 | 从动轴组件装配 | 钳工车间 |
| 3 | 箱体装配 | 钳工车间 |
| 4 | 总装 | 钳工车间 |
| 5 | 检验 | |

图5-16 装配流程

## 步骤五 工艺文件的填写

填写如表5-6所示的工艺卡。

表 5-6　装配工艺过程卡

| 装配工艺过程卡 | 产品型号 | | 零(部)件图号 | | 共( )页　第( )页 |
|---|---|---|---|---|---|
| | 产品名称 | 减速器 | 零(部)件名称 | | |
| | | | 装配部门 | | |

| 工序号 | 工序名称 | 工序内容 | 设备及工艺装备 | 辅助材料 | 工时定额 min |
|---|---|---|---|---|---|
| 1 | 钳 | 主动轴组件的装配：①小齿轮②定距环③两端轴承 | 钳工车间 | 钳工台，游标卡尺，钢尺，皮锤，螺旋测微仪，塞尺，扳手 | 润滑油，黄甘油，毛毡 |
| 2 | 钳 | 从动轴组件的装配：①大齿轮②大定距环③两端轴承 | 钳工车间 | 钳工台，游标卡尺，钢尺，皮锤，螺旋测微仪，塞尺，扳手 | 润滑油，黄甘油，毛毡 |
| 3 | 钳 | 箱体部件的装配：①从动轴组件②主动轴组件③螺塞④油尺组件 | 钳工车间 | 钳工台，游标卡尺，钢尺，皮锤 | 润滑油，黄甘油 |
| 4 | 钳 | 总装：①箱盖②定位销及螺栓组件③轴承端盖④窥视孔盖及通气器 | 钳工车间 | 钳工台，游标卡尺，钢尺，皮锤 | 润滑油，黄甘油 |
| 5 | 检验 | 运转试验：清理内腔，注入润滑油，连上电动机，接上电源，进行空转试车。运转 30 min 左右后，要求传动系统噪声等等符合各项技术要求 | | | |

| | | | 设计(日期) | 审核(日期) | 标准化(日期) | 会签(日期) |
|---|---|---|---|---|---|---|
| 标记 | 处数 | 更改文件号 | 签字 | 日期 | | |
| 标记 | 处数 | 更改文件号 | 签字 | 日期 | | |

描图
描校
底图号
装订号

# 巩固与拓展

## 一、巩固自测

(1)什么是合件、组件、部件、机器？它们之间有什么异同点？

(2)装配工作的基本内容有哪些？什么情况需要进行动平衡或静平衡？

(3)制订装配工艺规程的基本原则是什么？

(4)制订装配工艺有哪些步骤？

(5)装配工序设计主要内容有哪些？

(6)不同生产类型的装配工艺有什么特点？

(7)机械的装配精度主要包括哪些？

(8)零件精度与装配精度有什么关系？

(9)保证装配精度的工艺方法有哪些？

(10)查找装配尺寸链应注意哪些问题？

(11)划分装配工序的原则有哪些？

(12)划分装配工序的步骤是什么？

## 二、拓展任务

(1) 选择校内实训基地或见习企业的机械产品,结合本课程所学知识制订该机械产品的装配工艺。

(2)利用本课程所学知识,请你分析见习企业的机械工艺有哪些不足,并提出修改意见。

任务拓展

了解绿色制造工艺

## 任务目标

通过本任务的学习,学生具有以下职业能力:

□ 了解机械加工工艺的发展趋势;

□ 通过参考资料、网络及其他渠道收集信息;

□ 了解绿色制造的概念和发展;

□ 绿色制造与传统机械制造的区别;

□ 了解新型绿色制造工艺。

## 任务内容

随着科学技术的发展,工业化生产源源不断地创造着物质财富和精神财富,人类在尽情地享受物质和精神文明后,也发现随之而来的一系列问题。制造业企业在不断开发新产品的同时消耗自然资源,淘汰的旧产品产生的大量废弃物污染环境,致使生存环境日益恶化,可利用的资源日趋枯竭等,这些问题直接影响到人类文明的繁衍和经济的进一步发展,所以绿色制造已开始被人们普遍接受。

### ● 绿色制造技术的产生背景

随着经济的不断发展以及人口的高速增长,环境污染、资源枯竭问题已经受到人们的高度关注。而制造业既是资源消耗的最大行业,又是污染环境最严重的一个行业。传统机械制造对资源的利用率不高,对环境污染严重,而且其采用末端管理,先生产后治理,治理成本高等,难以实现环境保护与治理。因此开发和应用绿色机械制造技术是企业走可持续发展的必经之路。

### ● 绿色制造的概念和发展

绿色制造的概念。绿色制造(Green Manufacturing,GM)是指通过使用高效、清洁的制造方法来提高资源的转换效率与材料有效重用率、减少所产生的污染物类型及数量。绿色制造又被称为环境意识制造(Environmentally Conscious Manufacturing,ECM)、面向环境的制造(Manufacturing for Environment,MFE)等。

绿色产品近几年才兴起。目前对于绿色制造有不同的理解和看法,即广义上的绿色制造和狭义上的绿色制造。这里主要讲述广义上的概念,即绿色制造是一种充分考虑环境、资源问题的现代制造模式,其目标是使产品从设计、制造、包装、运输、使用、报废到废弃处置的整个产品生命周期中,对环境的负面影响最小、资源利用率最高,并使企业经济效益和社会效益协调优化。

众所周知,制造业是将可用资源(包括能源)通过制造过程,转化为可供人们使用和应用的工业品和生活消费品的产业。20世纪80年代,特别是80年代后期以来,世界制造业市场竞争不断加剧,给企业带来了越来越大的压力,迫使企业纷纷寻求有效方法:一方面加速技术进步的步伐,促使现代制造过程的组织发生重大的变化,其目的在于使企业能适应市场的需要和变化,以最快的速度设计和生产出高质量的产品,并以最低的成本和合理的价格参与市场竞争;另一方面,制造业在生存和竞争的同时,又不断消耗资源,产生废弃物，造成环境污染，使得环境问题日益恶化，并正在对人类的生存与发展造成严重威胁。制造业是环境污染的主要源头，因此，如何使制造业尽可能较少地产生环境污染是当前环境问题研究的一个重要方面。于是绿色制造这一全新的概念便产生了。

## ● 国内外绿色制造技术研究现状

当前，环境问题已经成为世界各国关注的热点，并列入世界议事日程。制造业将发展相关的绿色材料、绿色能源和绿色设计数据库、知识库等基础技术，生产出保护环境、提高资源效率的绿色产品，并用法律、法规规范企业行为。美国、日本、德国等发达国家在这方面都取得了不少成果。

美国国际贸易及工业部对工业产品环境问题进行了研究，着手开展了生态工厂技术等协作项目，该项目的主要研究范围是产品技术、生产技术、拆卸技术、回收技术，并且确定了每一范围的研究对象。1996 年，美国制造工程师学会（SME）发表了关于绿色制造的蓝皮书 *Green Manufacturing*，提出了绿色设计和绿色制造的概念，并对其内涵和作用等问题进行了系统的介绍。1998 年，SME 又在国际互联网上发表"绿色制造的发展趋势"的网上主题报告，对绿色制造研究的重要性和有关问题作了进一步的介绍，阐明绿色制造是可持续发展战略在制造业中的体现，换句话说，绿色制造是现代制造业的可持续发展模式。

日本通产省从 1992 年开始实施生态工厂的 10 年计划，投入 100 ~ 150 亿日元对生产系统工厂和恢复系统工厂进行研究。对生产系统工厂，致力于产品设计、材料处理、加工和装配等阶段的研究；对恢复系统工厂，则致力于产品生命周期结束时材料处理和回收的研究。

1991 年德国政府开始实施环境保护/绿色计划，目前已有 60 种类型 3 500 个产品授予环境标志。加拿大、英国、法国等也推出类似计划。

国际经济专家分析认为，目前，绿色产品比例为 5% ~ 10%，再过 10 年，所有产品都将进入绿色设计家族，可回收、易拆卸，部件或整机可翻新和循环利用。也就是说，在未来 10 年内绿色产品有可能成为世界商品市场的主导产品。

我国对该领域的研究和应用相对滞后，还处在起步阶段。国内一些高等院校和研究院所在国家科委、国家自然科学基金会和有关部门的支持下对绿色制造技术进行了一些研究探索。机械科学研究院已完成了国家科委"九五"攻关项目，围绕机械工业中九个行业对绿色技术需求和绿色设计技术自身发展趋势进行了调研，在国内首次提出适合机械工业的绿色设计技术发展体系，同时还进行了车辆的拆卸和回收技术的研究。目前国内已形成了一支从事绿色制造技术研究的专业队伍，为我国绿色制造技术产业的发展取得了一定的人才和技术支持。

## ● 浅谈机加工中的绿色制造技术

绿色制造几乎应用于整个工业领域，如机械、化工、电子、军工、食品领域等。绿色制造的内涵具有广义性，是"大制造"的概念。绿色制造体现了现代制造学科的"大制造、大过程、学科交叉"的特点，而传统意义上的机械制造主要体现为机械加工过程或机械工艺工程，可称为"小制造"。

目前制造技术分为两种模式。

**1. 传统机械制造技术**

目前我国的机械制造行业大部分使用的仍是传统制造技术,从原料提取到淬炼再到生产成品是一个开环系统,即设计—原料生产—产品制造—使用—维修—报废。在从自然资源到工程材料的提炼、毛坯成形、产品制造、产品使用及产品报废过程中,大量的废水、废气、废渣的排放,给环境带来严重的污染,而且由于制造过程缺乏柔性,造成设备资源的利用率低下及原材料的极大浪费等问题,如图1所示。

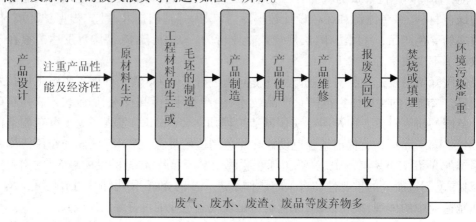

图1　传统制造模式

**2. 绿色制造技术**

绿色制造技术的生产模式是一种清洁生产模式,是循环利用废弃物的生产模式。在这种清洁循环的制造模式中,从产品的原材料开发到产品的损坏或者寿命结束,对材料的回收、利用等过程都全面考虑过。如在原材料的冶炼中,废气、废水的处理净化,在选择使用原材料中首要考虑的是其报废回收的问题。在绿色生产模式中,遇到这些问题可经过技术措施和特定的工艺,在产品的生命周期各个环节逐一解决,如图2所示。

通过以上可以看出,传统制造技术和绿色制造技术最主要的区别是传统制造对资源利用率低,环境污染严重,能源消耗量大;而绿色制造技术则不论是产品上游的设计,还是最后的报废处理等都采用了最优化的控制,充分利用了资源,节约了能量,减少了对环境的影响。绿色制造是一个闭环控制系统,它是一种清洁生产和废弃物循环利用的生产模式,在设计、制造、使用及报废过程中充分考虑减小对环境的影响,尽量节省能源与资源,在整个生命周期过程中持续地运用科学的手段,实现一体化、预防性的环保战略。

绿色制造涉及制造、环境保护、资源优化利用三个领域,与传统制造有本质的区别。它对产品生命周期实施综合预防污染战略,通过减少污染源和保证环境安全的回收利用,使废弃物最小化或消失在生产过程中,从而降低了生产成本。其核心部分在绿色产品生命周期过程中称"4R"理论:

(1)减量化(Reduce),从最开始的源头就抓资源的节约和对环境的污染;

(2)重用(Reuse),要求生产的绿色产品及其零配件能够多次重复利用;

(3)再生循环(Recycle),要求生产出来的产品使用完后并能将产品回收再利用,而不是无法回收利用的垃圾,以节约能源和资源;

(4)再制造(Remanufacturing),以先进绿色制造技术为手段,对废旧产品的技术改造实现性能恢复和提升,本着高效、节能、优质、节省、环保的准则,对废旧产品进行修复和改造。

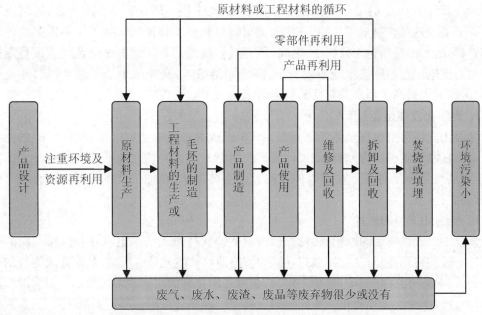

图2 绿色制造模式

绿色制造是一个动态的概念，绝对的绿色是不存在的。随着科技的发展，绿色制造的目标、内容会产生相应的变化与提高，并不断完善。绿色制造必须与市场需求、经济发展的动态相适应，它是一个不断发展的持续过程。

● 基于绿色制造的新型机械制造工艺

绿色制造工艺技术目标是对资源的合理利用，节约成本，降低对环境造成的污染。根据这个目标可将绿色制造工艺划分为三种类型：节约资源的工艺技术、节省能源的工艺技术、环保型工艺技术。

节约资源的工艺技术是指在生产过程中简化工艺系统组成、节省原材料消耗的工艺技术。它的实现可从设计和工艺两方面着手。在设计方面，通过减少零件数量、减轻零件重量、优化设计等方法使原材料的利用率达到最高；在工艺方面，可通过优化毛坯制造技术、优化下料技术、少无切屑加工技术、干式加工技术、新型特种加工技术等方法减小材料消耗。

节省能源的工艺技术是指在生产过程中，降低能量损耗的工艺技术。目前采用的方法主要有减磨、降耗或采用低能耗工艺等。

环保型工艺技术是指通过一定的工艺技术，使生产过程中产生的废液、废气、废渣、噪声等对环境和操作者有影响或危害的物质尽可能减少或完全消除。以下是环保型工艺技术的简介。

**一、快速成型技术**

快速成型制造技术（Rapid Prototyping Manufacturing，RPM）是基于材料堆积法的一种高新制造技术，被认为是近20年来制造领域的一个重大成果。它集机械工程、CAD技术、逆向工程技术、分层制造技术、数控技术、材料科学、激光技术于一身，可以自动、直接、快速、精确地将设计思想转变为具有一定功能的原型或直接制造零件，从而为零件原型制作、新设计思想的校验等方面提供了一种高效低成本的实现手段。即快速成型技术就是利用三维CAD 的数据，通过快速成型机，将一层层的材料堆积成实体原型。加工中不需要传统的模具和刀具，所加工材料也十分广泛，金属、纸、塑料、陶瓷甚至纤维等都能在快速成型制造中被应用。快速成型制造技术既节约资源、降低制造成本，又能减少加工废弃物对环境的污染，同时也大大提高了新产品样件的制造速度。

**1. 光固化立体造型（SLA）**

光固化立体造型也称为立体光刻成型。SLA 已成为最为成熟和广泛应用的 RP 的典型技术之一。它以光敏树脂为原料，通过计算机控制紫外线激光使之凝固成型。这种方法能简捷、全自动地制造出各种方法难以加工的复杂立体形状，在加工技术领域中具有划时代的意义。

1）光固化成型的原理

该技术以光敏树脂为原料，将计算机控制下的紫外激光按预定零件各分层截面的轮廓为轨迹对液态树脂逐点扫描，使被扫描区的树脂薄层产生光聚合反应，从而形成零件的一个薄层截面。当一层固化完毕，移动工作台，在原先固化好的树脂表面再敷上一层新的液态树脂，以便进行下一层扫描固化。新固化的一层牢固地黏合在前一层上。如此重复，直到整个零件原型制造完毕。

2）光固化成型技术的特点

光固化成型技术的优点如下。①成型过程自动化程度高。SLA 系统非常稳定，加工开始后，成型过程可以完全自动化，直至原型制作完成。②尺寸精度高。SLA 原型精度可以到达 ±0.1 mm。③表面质量良好。虽然在每层固化是侧面及曲面可能出现台阶，但上表面仍能呈现玻璃状的效果。④可以制作十分复杂的模型。⑤可以直接制作熔模精密铸造的具有中空的消失模。

光固化成型技术的缺点如下。①成型过程中伴随着物理和化学变化，易产生弯曲需要支撑。②成本较高。③可使用的材料较少。目前可用的材料主要为感光性液态树脂材料，并且大多数情况下不能进行抗力的测试。④液态树脂具有气味和毒性，并要避光保护，防止发生聚光反应。⑤需要二次固化。在多数情况下原型树脂未被完全固化，所以需要二次固化。⑥液态树脂固化后的性能不如常用的工业塑料，一般较脆、易断裂、不能进行机加工。

SLA 法是第一个投入商业应用的 RP 技术。目前全球销售的 SL 设备约占 RP 设备总数的 70%。这种方法的特点是精度高、表面质量好。原材料利用率将近 100%，能制造形状特别复杂（如空心零件）、特别精细（如首饰、工艺品等）的零件。

**2. 选择性激光烧结技术（SLS）**

选择性激光烧结技术也称为激光选区烧结法，该技术以激光器为能量源，通过红外激光束使塑料、石蜡、陶瓷和金属（或复合物）的粉末材料均匀地烧结在加工面上。激光束在计算机的控制下，通过扫描器以一定的速度和能量密度，按分层面的二维数据扫描。激光束扫描之处，粉末烧结成一定厚度的实体分层，未扫描的地方仍然保持松散的粉末状。根据物体截层厚度而升降工作台，铺粉滚筒再次将粉末铺平台，开始新一层的扫描。如此反复，直至扫描完所有层面。去除多余粉末，经修磨、烘干等处理后获得零件。

SLS 工艺是利用粉末材料（金属粉末或非金属粉末）在激光照射下的烧结原理，在计算机控制下层层叠加成型。其成型原理与 SLA 十分相似，主要区别为所使用的材料及其形状。在理论上任何可熔的粉末都可以用来制造模型,这样可以用来制作真实的原型制件。

选择性激光烧结工艺的特点如下。①可以采用多种材料。通过材料或各种含黏结剂的涂层颗粒制造出任何造型,以适应不同的需要。②制造工艺比较简单。选择性激光烧结工艺按采用的原料不同可以直接产生复杂形状的原型,如型腔模三维构件或部件及工具。③高精度。依赖于使用的材料种类和粒径,产品的几何形状和复杂程度不同。④材料利用率高,价格便宜,成本低。⑤无须支撑结构。

SLS 工艺材料适应面广,不仅能够制造塑料零件,还能制造陶器、石蜡等材料的零件,特别是可以直接制造金属零件。

选择性激光烧结工艺的应用如下。①直接制作快速模具。可直接制造金属模具和陶器模具,用于注塑、压铸、挤塑等塑料成型模具及钣金成型模。②复杂金属零件的快速无模具铸造。在新产品的试制和零件的小批量生产中,无须复杂工装及模具,可大大提高制造速度,并降低生产成本。③内燃机进气管模型。可以直接制造与相关部件安装,进行功能验证。

### 3. 层状物质制造技术(LOM)

层状物质制造技术也称为叠层法或分层实体制造技术,最早出现于 1985 年,其设备的主要制造商为美国的 Helysis 公司。

成型时,首先在基板上铺一层箔材(如箔纸),然后用一定功率的 $CO_2$ 激光器在计算机控制下按分层信息切出轮廓,同时将非零件部分按一定的网格形状切成碎片以便去除。加工完一层后,重新铺上一层箔材,用热辊碾压,使新铺的一层箔材在黏结剂作用下黏结在已成型体上,再用激光器切割该层的形状,如此反复,直至加工完毕。最后去除切碎的多余部分,即可得到完整的原型零件。

层状物质制造工艺的优点如下。①原型精度高。制件在 X 和 Y 方向的进给可以达到 $\pm(0.1 \sim 0.2)$ mm,在 Z 方向的精度可达 $\pm(0.2 \sim 0.3)$ mm。②制件能承受高达 200 ℃的温度,有较高的硬度和较好的力学性能,可以进行各种切削加工。③无须后固化处理。④废料易剥离。⑤可制作尺寸较大的制件。⑥无须设计和制作支撑结构。⑦原材料价格便宜,制作成本低。⑧设备可靠性高寿命长。⑨操作方便。

层状物质制造工艺的缺点如下。①不能直接制作塑料工件。②工件的抗拉强度和弹性不好。③工件易湿膨胀。④工件表面有台阶纹,需要进行打磨。

### 4. 熔融堆积成型技术(FDM)

熔融堆积成型技术也称为熔融沉积法,由美国工程师于 1988 年发明,目前商品化的熔融沉积设备主要有 Stratrasys 公司开发的 3D Modeller 等。

该工艺是将丝状的热熔性材料,如石蜡、ABS、尼龙等加热溶化,通过喷嘴挤喷出来。喷嘴沿 X 轴进行移动,工作台沿 Y 轴进行移动。热熔性材料挤喷出喷嘴后,与前一层材料熔结在一起。一个层面沉积完成以后,工作台就下降一个层的高度,再继续熔喷沉积,一直到完成整个零件。熔融沉积快速成型应用于汽车、机械、电子、玩具等产品的设计开发。用传统工艺方法必须几个月才能制造完成的产品原型,用熔融沉积快速成型工艺无须工装设备和刀具,几个小时便可完成制造。丰田公司采用该成型法制作右侧镜支架和四个门把手的母模,使得制造成本大大降低。右侧镜支架模具成本降低 20 万美元,四个门把手模具成本降低 30 万美元。熔融沉积快速成型工艺为丰田公司在桥车制造方面节约了 200 万美元。

而且熔融沉积快速成型系统无毒性,不产生粉尘、噪声。特别适合于办公室环境下进行设计制造新产品。并且该系统运行成本很低,设备操作简单容易学习。可把它看做3D打印机。用熔融沉积快速成型系统可制作车灯、空调部件、电动工具、耐高温构件、汽车保险杠、小齿轮等零件。用熔融沉积快速成型系统制造的零件原型的尺寸稳定性很好,因此特别适合装配件的设计制造。该零件原型还可以进行二次加工如车床、钻床、铣床的加工。通过二次加工来补偿零件尺寸精度的不足。使设计的零件能达到很高的尺寸精度。

熔融堆积成型工艺的优点如下。①可以使用无毒的材料,设备可以在办公环境中安装使用。②成型速度快。③用蜡成型的零件原型,可以直接用于熔模铸造。④可以成型任意复杂程度的零件,常用于成型具有复杂的内腔、孔等零件。⑤原材料在成型过程中无化学变化,制件的翘曲变形小。⑥支撑架去除容易,易分离。⑦原材料价格便宜。

熔融堆积成型工艺的缺点如下。①成型件表面有明显的条纹。②需要设计与制作支撑结构。③需要对整个截面进行扫描,成型时间较长。

## 二、绿色切削技术

切削液在机械加工中起到冷却、润滑、排屑和清洗的作用,但是在机械加工过程中使用的切削液用量过大。大量的切削液会污染环境,而且切削液的费用约占零件制造成本的1/6。解决切削液带来的问题,最有效的途径是采用绿色切削加工技术。绿色切削加工技术是一种充分考虑环境和资源问题的加工技术,要求在整个加工过程中做到对环境的污染最小和对资源的利用率最高。目前国内外对绿色切削的研究主要集中在干式切削、低温切削、绿色湿式切削等几个方面。绿色湿式切削是目前比较可行的加工方法。新型环保切削液的研制、切削液的合理使用及废液的净化处理成为亟待解决的问题。

绿色切削加工技术作为21世纪一项新的课题,正得到越来越广泛的重视。虽然干式切削、低温切削、绿色湿式切削等技术还有很多问题需要解决,但它们的优越性正逐渐体现出来,相信在不久的将来,绿色切削将是未来绿色制造业的重要组成部分。

### 1. 干式切削技术

干式切削加工工艺是通过不用或减少切削液的使用,来减少环境的污染和成本控制的加工方法。在加工过程中获得洁净无污染的切屑,从而省去了切削液及其处理的大量费用。当前,干式切削技术已应用于很多材料的加工中,特别是有色金属及其合金和铸铁的加工。

1)湿切削加工造成的负面影响

在传统的湿切削加工中,使用切削液主要起到润滑、冷却和辅助排屑与断屑作用。由于湿切削大量使用切削液,尽管在提高切削效率和延长工具寿命等方面发挥了重要的作用,但冷却液及其后处理,将会造成非常突出的负面影响:

(1)切削液费用占零件加工总成本的12% ~17%,使零件的生产成本大大提高;

(2)未经处理的切削液排放,会污染、破坏生态环境;

(3)切削液受热挥发易形成烟雾和产生异味,特别是硫、磷、氯等化学元素在切削过程中形成的有害物质,会引致多种疾病,直接危害车间工人的身体健康。

在市场竞争日趋激烈和社会日益注重环保的形势下,发展干切削是进一步降低产品制造成本(可节省加工费用10% ~15%)和消除切削液对环境污染的重要途径。

2)干切削技术的特点

干切削技术是为适应全球日益高涨的环保要求和可持续发展战略,而发展起来的一项绿色切削加工技术。其特点是:

(1)由于不用冷却液,省去了切削液传输、回收和过滤等装置及相应的费用,降低了生产成本;

(2)切屑干净清洁无污染,易于回收和处理;

(3)省去了切削液与切屑的分离装置及相应的电气设备,机床结构紧凑,减少占地面积;

(4)对环境无污染,不会产生与切削液有关的安全事故及质量事故;

(5)提高了切削效率(部分工件加工可实现以车代磨)和被加工工件的表面品质。

3)干切削的关键技术

实现真正意义上的干切削,不是简单地停止使用切削液,而是要在不使用切削液的同时,满足切削效率、产品品质和刀具耐用度等方面的要求。干切削的刀具技术、机床技术、工件材料及工艺技术等,也就成了干切削得以实施的关键技术。

Ⅰ.干切削的刀具技术

干切削不仅要求刀具材料有很高的红硬性和热韧性,而且还必须有良好的耐磨性、耐热冲击和抗黏结性。保证上述性能要求的主要措施如下。

(1)采用新型的刀具材料。目前,适用在高速干切削的刀具材料主要有陶瓷刀具($Al_2O_3$、$Si_3N_4$)、金属陶瓷刀具(Cermet)、立方氮化硼(CBN)、聚晶金刚石(PCD)等。研究表明:陶瓷刀具、金属陶瓷等材料的硬度,在高温下也很少降低,即具有很好的红硬性,很适合于一般目的的干切削。但由于这类材料一般较脆,热韧性不好,不适用于进行断续切削。立方氮化硼、聚晶金刚石、超细晶粒硬质合金等超硬刀具材料,则广泛用于干切削加工中。

(2)采用涂层技术。对刀具进行涂层处理,是提高刀具性能的重要途径。一般是韧性较好的硬质合金。主要分为"硬"涂层刀具、"软"涂层刀具和软/硬组合涂层刀具。对于"硬"涂层刀具,"硬"涂层(如 TiN、TiCN 和 $Al_2O_3$ 等)实际上起到了耐热、隔热的热屏障作用和类似于冷却液的作用。刀具表面硬度高,耐磨性好,从而能在较长的时间内保持刀尖的锋利和坚硬。对于"软"涂层刀具,其实质是"软"涂层(如 $MoS_2$、WS 等)在刀具表面形成了良好的滑动表面,在切削加工中可使切屑与刀具排屑槽之间产生很小的摩擦(摩擦系数一般只有 0.01 左右),可有效地避免积屑瘤的产生,并能减小切削力、降低切削温度和提高刀具耐用度。

目前,滑性"软"涂层的研究和应用,是干切削刀具涂层技术的另一主要发展趋势。此外,采用软/硬组合涂层,即先在刀具上涂上"硬"涂层(如 TiN)后在其上涂上"软"涂层(如 $MoS_2$),集综合硬涂层硬度高、热稳定性好和软涂层摩擦系数低、自润滑性好的优点于一身。采用这种组合涂层的钻头,在钻削灰铸铁发动机缸体上的深孔时,刀具寿命高达 1 600 min。

切削实验证明,无涂层丝锥只能加工 20 个螺孔,采用 TiAlN 涂层丝锥可加工 1 000 个螺孔,而采用 $MoS_2$ 涂层的丝锥,则可加工 4 000 个螺孔。又如,原来只适用于进行铸铁干切削的立方氮化硼(CBN)刀具,在经过涂层处理后,可用来加工钢、铝合金和其他超硬合金等材料。

(3)优化刀具几何形状。针对干切削刀具,多以月牙洼磨损这一主要失效形式,通常采用较大的前角,以减少切屑与前刀面的接触面积,还可以减小切削力和切削热。为弥补大前角对刃口强度的削弱,常配以加强刃,甚至前刀面上带有加强筋。较大的正前角、锐利且强度高的切削刃,有利于断屑。断屑槽在韧性材料加工中,对断屑起着关键的作用。为了加速刀具的冷却以降低切削温度,可采用热管式刀具或液氮冷却刀具。此外,刀具主副切削刃连接处,应采用修圆刀尖或倒角刀尖,以增大刀具圆角,加大刀尖附近刃区长度,能够有效提高刀具的高温强度和耐磨性。

Ⅱ. 干切削的机床技术

对于干切削机床,在设计或选择配制其整体结构及布局时,除考虑机床必须有足够高的刚性、较高的生产效率和机床精度的稳定性之外,还必须考虑快速散热和及时排屑、排尘的问题。由于干切削时,在机床加工区产生的热量较大,如不及时从机床的主体结构排出去,就会使机床产生热变形,影响工件加工精度和机床工作可靠性。对于不易排出的热量,则对相关部件采取隔热措施,必要时还应采取热平衡和热补偿等措施。

干切削机床的基础大件,要采用热对称结构,并尽量由热膨胀系数小的材料制成。为了便于排屑,干切削机床应尽可能采用立式主轴和倾斜式床身。工作台上的倾斜盖板,可用绝热材料制成,在一些滑动导轨副上方,设置可伸缩角形盖板,以保护导轨、丝杆等精密零部件。干切削易出现金属悬浮颗粒,故机床常加装真空吸尘装置,并对关键部位进行密封。

Ⅲ. 干切削的工艺技术

干切削的难易程度,与加工方法和工件材料的组合密切相关。就加工方法而言,车削、铣削、滚齿等加工方法,因为切削刃外露,切屑能很快离开切削区,故应用干切削较多。而对于封闭式的钻削、铰削等加工,干切削就相对困难一些。实施干切削的可能性,在很大程度上取决于工件材料。铸铁由于熔点高和热扩散系数小,最适合进行干切削;钢的干切削,特别是高合金钢的干切削较困难;铝合金热膨胀系数大、传热系数高,再加上过程中会吸收大量的切削热,而易使工件发生热变形,并且其硬度和熔点都较低,加工过程中切屑很容易与刀具发生"胶焊"或粘连。

解决这类难题的最好办法是采用高速干切削。在高速切削中,95%~98%的切削热,都传给了切屑,切屑在与刀具前刀面接触的界面上,会被局部熔化,形成一层极薄的液态薄膜,切屑很容易在瞬间被切离工件,大大减小了切削力和产生积屑瘤的可能性。为了减少高温下刀具和工件之间材料的扩散和黏结,应特别注意刀具材料与工件之间的合理搭配。例如,金刚石(碳元素 C)与铁元素有很强的化学亲和力,故金刚石刀具虽然很硬,但不宜于用来加工钢铁工件;钛合金和某些高温合金中有钛元素,因此也不能用含钛的涂层刀具进行干切削。

**2. 低温切削技术**

低温切削是将工件冷却并进行切削加工的一种切削加工方式。将低温流体如液态氮、液态二氧化碳和冷风等喷向加工系统的切削区域,造成切削区的局部低温或超低温状态,利用在工件和刀具低温状态下的机械性能会发生改变(低温脆性),一些有益的改变不仅可提高工件的切削加工性和延长刀具的寿命,而且还可改善加工表面质量。

低温切削一般用于一些难度比较大的材料加工,比如钛合金、高锰钢、淬硬钢等。由于要配备相应的低温冷风装置,包括氮气流发生装置、使用低沸点工质作冷媒的间接冷却装置等,因此其成本会相对比较高,这也成为该技术需要解决的问题。其中的低温冷风切削技术得到广泛应用。近年来,低温冷风切削技术在国外研究趋于成熟,被许多机床企业接受采用。特别在日本的机床行业,应用较为广泛。国内的研究也比较顺利,在不久的将来,国产低温冷风发生装置的研制成功必将推动我国干式切削技术得到更广泛的应用和发展。

**3. 绿色湿式切削技术**

干式切削虽然具有显著的优点,但应用范围还很有限,准干式切削技术仍需使用少量切削液。从目前的情况看,大多数切削加工还离不开切削液,无法实现完全的绿色切削。因此,研发和推广绿色湿式切削仍然具有重要意义。绿色湿式切削是指使用新型的绿色切削液,该切削液不对人体健康和环境造成危害,其废液经处理所含油成分回收后可安全排放,残留废油和添加剂在自然界可安全降解,不会对环境造成污染。对绿色切削液的要求为性能高、寿命长、污染低、可降解的,能最大限度地减少切削液的用量和废液的排放,增加切削液循环使用的次数,并对其实施无害化处理,从而达到绿色环保要求的切削加工。

## 三、虚拟制造技术

**1. 虚拟制造技术的概念**

虚拟制造(Virtual Manufacturing,VM)是一种模拟制造软件技术,该技术以计算机为平台,在计算机仿真环境下进行而不消耗物理资源,对真实产品制造的动态进行描述。它的主要功能是产品建模、生成仿真环境。虚拟制造实际上就是一种综合制造环境,它包括产品的生产过程、加工工艺、调度计划、后勤供应以及财会、采购和管理等一系列事情,在真实产品加工之前,就能准确把握住产品的功能状态,及时做出决策,优化生产方案,从而减少损耗,降低成本。

**2. 虚拟制造技术的应用范围**

虚拟制造可完成产品的绿色设计;可实现产品加工过程、工作过程、装配过程、拆卸过程、回收处理过程的仿真;可评估产品的功能性、经济性、全生命周期内对环境的影响程度以及评价能源和资源利用率,为设计人员提供产品设计改进的依据;可提高产品的设计质量,减少设计缺陷,优化产品性能;可提高工艺规划和加工过程的合理性,优化制造质量;通过生产计划的仿真,可以优化资源配置和物流管理,实现柔性制造和敏捷制造,缩短制造周期,降低生产成本。虚拟制造在绿色制造中的应用见图3。

1)绿色材料的模拟仿真

要实施绿色制造首先要实现绿色材料设计。材料微观模拟与设计将对材料制备工艺中微观过程、原子(分子)生长动力学等进行模拟,从而实现新材料成分—工艺—结构—性能优化设计。材料建模和模拟用来帮助理解和分析材料的结构、性质和加工工艺。可以模拟材料的弹性、塑性、应力、应变、开裂等特性;模拟材料从弹性、弹塑性到破坏、发生、发展的全过程;材料微观组织结构的虚拟失效分析;可以进行液态金属精炼过程的计算机模拟、铸造工艺的计算机模拟、材料凝固过程微观组织模拟、热轧带钢组织性能预报、奥氏体—铁素体转变的计算机模拟和塑性成型工艺模拟。目前正向多场模拟(如耦合织构、位错、相变、损伤、修复、复合材料分析等)和多尺度模拟(宏观—传统有限元法模拟,微观—分子动力学模拟)方向发展。

2)热加工工艺模拟

应用计算机工艺模拟技术可进行多项数值模拟、物理状态模拟与工艺过程模拟,并与工艺专家软件系统相结合,选择最佳的工艺参数(如温度、时间等),并且对工艺过程中可能

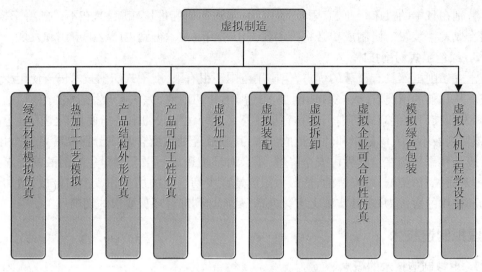

图3　绿色制造中虚拟制造的应用

产生的缺陷采取相应的对策,有效地减少了试验费用、作业时间,并节约能源,保证加工质量,最大限度地控制和预防污染。

数值模拟是热加工工艺模拟最重要的方法。

(1)三维造型。将模拟对象(铸件、锻件、焊接结构件等)的几何形状及尺寸以数字化方式输入,成为模拟软件可以识别的格式。

(1)宏观模拟仿真。目的是模拟热加工过程中材料形状、轮廓、尺寸及宏观缺陷(变形、残缺、皱折、缩孔、缩松、气孔、夹渣等)的演化过程及最终结果。为达到上述目的,需建立并求解一些物理场,温度场,应力、应变场,流动场的数理方程。

(3)微观组织及缺陷的模拟仿真。目的是模拟热加工过程中材料微观组织(枝晶生长、共晶生长、粒状晶等轴晶的转变、晶粒度大小、相转变等)及微观尺度的缺陷(混晶、偏析等)的演变过程及结果。

3)产品的结构及外形设计

在计算机上(虚拟环境)建立产品数字模型,即虚拟样机,并在计算机上对这一产品模型的设计结构合理性、可装配性、可制造性及功能等进行评审、修改。采用虚拟技术的外形设计,可随时修改、评测。方案确定后的建模数据可直接用于冲压模具设计、仿真和加工,如汽车车型创新概念设计、飞机外形设计。在复杂产品的布局设计中,通过虚拟技术可以直观地进行设计,避免可能出现的干涉和其他不合理问题。还可用于广告和宣传,用虚拟现实或三维动画技术制作的产品广告具有逼真的效果,不仅可显示产品的外形,还可显示产品的内部结构、装配和维修过程、使用方法、工作过程、工作性能等。

4)产品的可加工性仿真

可加工性(包括铸造、锻造、冲压、焊接、切削、特种加工等)主要判断零部件是否可以加工、加工的难易程度及设计、加工的合理性。对产品的可加工性和工艺规程的合理性进行评估。可加工性分析包括性能分析、费用估计、工时估计、工艺生成优化、工具设计优化、刀位轨迹优化与选择、控制代码优化、虚拟加工中的碰撞干涉检验、运动轨迹检验等。

5)虚拟加工

对产品整个加工过程的仿真模拟,包括对工件几何参数、刀位轨迹验证、刀具的干涉进行校验的几何仿真过程;对加工过程中各项物理参数(主要有切削力、刀具磨损、切削振动、切削温度、工件表面粗糙度等)进行预测与分析的物理仿真过程;对产品的运动学与动力学仿真,在产品设计阶段就能动态表现产品的性能。产品设计必须解决运动构件工作时的运动协调关系、运动范围设计、可能的运动干涉检查、产品动力学性能、强度、刚度等。例如,生产线上各个环节的动作协调和配合是比较复杂的,采用仿真技术,可以直观地进行配置和设计,保证工作的协调。

6)虚拟装配

它是实际装配的过程在计算机上的本质体现。

机械产品的配合性和可装配性是设计时容易出现错误的地方,过去传统的产品开发,常需要花费大量的时间、人力、物力来制作实物模型进行各种装配实验研究,许多不合理的设计和错误的设计,只能等到制造和装配时,甚至到样机试验时才能发现,导致零件的报废和延误工期。虚拟装配采用计算机仿真与虚拟现实技术,通过仿真模型在计算机上进行仿真装配。虚拟装配的第一步是在CAD系统创建虚拟产品模型,然后进入并利用虚拟装配设计环境进行试验、仿真和分析。虚拟装配是根据产品设计的形状特征、精度特性,真实地模拟产品三维装配过程,并允许用户以交互方式控制产品的三维真实模拟装配过程,以检验和评估产品的可装配性,优化装配过程。提高一次试制成功率,从而节约时间,降低成本。

7)虚拟拆卸

可拆卸性是绿色产品设计的主要内容之一,它要求在产品设计阶段就将可拆卸性作为结构设计的一个评价准则,使所设计的结构易于拆卸,因而维护方便。并可在产品报废后有效地回收和重用,以达到节约资源、能源和保护环境的目的。产品能否方便拆卸直接影响到产品的可回收性。

虚拟拆卸允许设计者在一个虚拟环境中评估产品的可拆卸性。基于零部件三维实体模型,自动推理与交互操作相结合,规划与验证拆卸工艺(主要包拆卸顺序和路径),进而根据装、拆过程互逆的假定得到装配工艺,并以动画方式展示产品的装、拆工艺过程。并可对回收过程、回收处理结构工艺性进行仿真。

8)虚拟企业的可合作性仿真与优化

绿色虚拟企业是一种综合考虑市场机遇、环境影响和资源效率的现代制造模式,其目标是及时抓住市场机遇、敏捷快速生产出新的绿色产品,使各盟员企业共同赢利,并通过绿色设计、绿色材料、绿色工艺、绿色生产、绿色包装和绿色回收等技术手段,使得绿色虚拟企业的整个生命周期中,对环境的影响(负作用)最小,资源效率最高。

虚拟制造系统可以为虚拟企业提供可合作性的分析支持,为合作伙伴提供协同工作环境和虚拟企业动态组合及运行支持环境。虚拟制造系统可以将异地的、各具优势的研究开发力量,通过网络和视像系统联系起来,进行异地开发,网上讨论。从用户订货、产品的创意、设计、零部件生产、总成装配、销售以至售后服务这一全过程中各个环节都可以进行仿真,为虚拟企业动态组合提供支持。

9)模拟绿色包装

包装结构造型和美化装饰设计如同产品外形设计一样,可在虚拟环境中设计、修改,可评定包装设计的合理性、实用性、美观性。目前已开发出一些虚拟包装图制作软件，Box Shot 3D 就是一个简单易用的虚拟包装图的制作工具。

10) 虚拟人机工程学设计

虚拟人机工程学设计也称虚拟人机工程学环境，设计人员可以精确研究产品的人机工程学参数，并且在必要时可以修改虚拟部件的位置，重新设计整个产品的结构。另外，它还允许不同技术背景的人直接与设计的产品进行交互及评价产品的性能，有助于满足不同用户的特殊要求。充分利用人机工程学的原理，使产品在使用过程中舒适、省力、方便，保证使用过程的安全、无污染。

# 参 考 文 献

[1] 李益民.机械加工工艺简明手册[M].北京:机械工业出版社,1994.

[2] 李洪.机械加工工艺手册[M].北京:北京出版社,1990.

[3] 哈尔滨工业大学.机械制造工艺理论基础[M].上海:上海科学技术出版社,1980.

[4] 哈尔滨工业大学,上海工业大学.机械制造工艺规程制订及装配尺寸链[M].上海:上海科学技术出版社,1980.

[5] 杨叔子.机械加工工艺师手册[M].北京:机械工业出版社,2002.

[6] 廖念钊,古莹菴,莫雨松,等.互换性与技术测量[M]. 4 版.北京:中国计量出版社,1990.

[7] 于骏一,邹青.机械制造技术基础[M].北京:机械工业出版社,2004.

[8] 刘华明.刀具设计手册[M].北京:机械工业出版社,1999.

[9] 王启平.机械制造工艺学[M].哈尔滨:哈尔滨工业大学出版社,1988.

[10] 顾崇衔等.机械制造工艺学[M]. 2 版.西安:陕西科学技术出版社,1987.

[11] 吴恒文.机械加工工艺基础[M].北京:高等教育出版社,1990.

[12] 华东地区大专院校机械制造工艺学协作组.机械制造工艺学(修订本)[M].福州:福建科学技术出版社,1999.

[13] 于复曾,陈方荣,田志仁,等.机械制造工艺学[M].济南:山东工业大学出版社,1990.

[14] 哈尔滨工业大学,上海工业大学.机床夹具设计[M].上海:上海科学技术出版社,1980.

[15] 李久立.机械制造技术基础[M].济南:济南出版社,1998.

[16] 冯之敬.机械制造工程原理[M].北京:清华大学出版社,1999.

[17] 李凯岭,宋强.机械制造技术基础[M].济南:山东科学技术出版社,2005.

[18] 陈宏钧,马素敏.机械制造工艺技术管理手册[M].北京:机械工业出版社,1998.

[19] 赵如福.金属机械加工工艺人员手册[M]. 3 版.上海:上海科学技术出版社,1990.

[20] 盛晓敏,邓朝晖.先进制造技术[M].北京:机械工业出版社,2004.

[21] 孙大涌.先进制造技术[M].北京:机械工业出版社,2000.

[22] 刘极峰.计算机辅助设计与制造[M].北京:高等教育出版社,2004.